中国时光之美

——诗意二十四节气

七月娃娃 著

气象出版社

福建，山重／春节刚过去不久，山重村的田间，萌动人心的早春和清风

万水千山来看你

　　小时候生长在小镇，家里没有田地，住在镇上的医院家属大院里，从小学到初中，从瓦砖的平房到钢筋水泥的小楼房。那时就读的镇中心小学里，同学们大都来自镇下面的农村，虽然村子里也有小学，家长们却更愿意把孩子送到镇里接受更好的教育。因为农村的孩子太多，所以每个学期除了寒暑假，我们还有农忙假，一放就是一个星期。放假的时候，农村的孩子都回家里帮忙收割或插秧，回来的时候个个都黑了一圈，手上长着粗糙的茧子。我在家不用干活，便常常尾随高年级的同学到乡下去看农忙。我帮不上忙，最乐意干的事情就是拿簸箕捞小溪里的鱼，捞起来装在瓶子里带回家，然后养死了。我慢慢地觉得这种做法太作孽，便没有继续下去，于是从这边的溪水里将它们捞上来，又放到了那边的溪水里。

　　那时候的农忙假，是我对二十四节气的含糊印象，直到上了大学，这个属于农耕时代的节气概念，我并没有真正去领会。那时候对大城市时尚节奏的向往，掩盖了我内心深处对岁月的回味，对故乡的感知，以及对万物变化的察觉。就像孩子们爱玩游戏一样，他们的心境尚未成熟，只能意会当下的快感，而时间和经历，会让一个人不断地挖掘出自己的心之所属来。

我出生的小镇在粤东山区，有点闭塞，有点贫穷，在我的年少时代，这个听起来一点都不引人注意的镇子里，有着让当今很多文艺青年追随的原始和古朴。每当我回忆起那时的街道、门市、圩日，旧屋里的生活起居，脑海里就会浮现很多电影大片里出现的怀旧的、有故事的场景。那时爷爷奶奶居住的老屋背后是一大片菜地，有一片是我们家的，每天黄昏，家家户户便有主妇去菜园里劳作，挑水、施肥、播种，我也会在傍晚放学的时候，尾随婶婶或奶奶，到菜地里撒欢帮倒忙。女人们担着木桶、穿着胶鞋在田间的劳作，每天早上奶奶摘下的、堆在墙角的新鲜蔬菜，春天大片的油菜花，夏天远处的茂密的荔枝林，菜地里沉甸甸的果实，便是我对季节的一些初步印象。

童年时代在闭塞的小镇里，却也结识了很多爱好文学的朋友，我们开诗社、印报纸，周末会去荒芜的火车站，谈论诗和远方，聚会的时候会做飞花令，《红楼梦》以及三毛文集我们烂熟于心……如此，成年以后开始喜欢旅行，便是情理之中。十多年来，我去了不少地方，小时候的梦想似乎在瞬间流逝的十年里，全部都实现了。看过了繁华，看遍了绚烂，一颗曾经向往出走的心便开始回归，当你知道这个世界是个什么模样，对远方也有一些概念和定义的时候，故乡的影子便开始不断在脑海里跳跃。

伴随生活阅历的增长，对岁月的愁思也积累得越来越多，我并非不爱国外的美景，曾流连于纽约的繁华，也惊叹于佛罗伦萨的典雅，在日本乡村寻找禅意，也在东南亚看到不一样的浓郁生活色彩。但对中国的美，却有一种与生俱来的依恋，特别是对二十四节气有了更深刻的理解

江西，婺源／小雨中的江面上，竹排显得有些落寞孤寂，空气里却是静谧美好的芬芳

之后，心里装的全部是属于中国的色彩。小时候我并不爱背唐诗宋词，因为记忆力不好，怎么努力都做不到出口成章。爱上古诗词，是在爱上摄影之后。有一天，当我发现原来可以用自己的摄影表达对时节的喜爱，诗意的浪漫原来可以用另一种方式来叙述时，我似乎找到了一个情感宣泄的出口，开始有目地捕捉时节变换的景象，自然的、人文的，收纳于自己的镜头里。

坚持的才是热爱的，当我发现，我已经有足够的积累用图片去展现二十四节气的时候，我觉得，我想要的理想终于要实现了。它不仅仅是一张张图片，也不仅仅是一段段文字，而是汇聚了十多年的旅途和摄影的心得，是我对时光之美的咏叹。我的旅途很渺小，小到来来去去都是几个喜欢的地方；我的摄影也很渺小，不讲究技艺和原则，只表达心中所想，所呈现出来的也不过是平常的景色或生活。但我爱这可以触摸的气息，我想表达的，你也能随时感受到，这就是我想把中国时光之美呈现给爱生活的你们的唯一原因。

中国之大，大到此地春季，彼地冬季，从南到北，四季流转。背上行囊，走过山和水，最忘不掉的，是刹那间的光影和诗意。在别人的故乡行走，也在自己的故乡徘徊，春夏秋冬，时节变换，花开花落，人间景象，喜怒哀乐，岁月情怀。这些年，日子淡去，记忆渐浓，用镜头书写，也用心情记录，属于中国的时光之美，属于你我的最美的诗意之境。春雨惊春清谷天，夏满芒夏暑相连，秋处露秋寒霜降，冬雪雪冬小大寒。当时间静止，于万人中得以相逢，于你，于我，都是缘分，我愿携这春光一片，秋影几许，与你共饮几杯，叙流年短，叹岁月长。

桂林，海洋／银杏树叶散落在村子的屋檐上、庭院前，这里有一段关于秋的陈年往事

秋季篇

冬季篇

春到人间草木知

对于春天，记得最牢的，便是朱自清的《匆匆》："燕子去了，有再来的时候；杨柳枯了，有再青的时候；桃花谢了，有再开的时候。但是，聪明的，你告诉我，我们的日子为什么一去不复返呢？"

如今恰是燕子又来、杨柳又青、桃花又红的叫节，日子一去不复返，但春天总还是会来的。抛下冬日里积下的怨气，"春日载阳，有鸣仓庚"，在乍暖还寒的微风里走着走着，就像知道要遇见你一般雀跃和欣喜，衣衫变薄了，连发丝也温柔起来，沁入心间的是新鲜的气息，教人如何不爱这美好的人间？"终日昏昏醉梦间，忽闻春尽强登山。因过竹院逢僧话，偷得浮生半日闲。"春天便是这样忙里偷闲的日子。

1

梦醒时分

　　每到春天总会寻思着去几个地方，锁定的目标里必定会有一个是江南某地。"寂寞空庭春欲晚，梨花满地不开门""春风又绿江南岸，明月何时照我还""云想衣裳花想容，春风拂槛露华浓"……几乎所有写春天的诗词，写的都是江南，江南的古意便是诗词里描绘的意境。自古以来，人们便把"江南"当作了一种生活方式，昆曲、黄酒、龙井茶，温婉、舒适、隐逸。岭南的春天也是很微妙的，天气自然是最好的，跟闷热的夏日比起来，春日的时光实在太好，纵然没有江南的古典灵秀，但也有属于自己的浪漫和温情，春风十里，走起路来都会脚下生风的样子。

　　立春的时候，往往春节刚过，各处满堂红，贴在门口的春联还未褪色，字体上撒着金灿灿的喜气。人们用红色驱逐年兽、祈福和表达心意，春天的浅绿在四处潜藏，衬托着各处的欢庆。为过年准备的活鸡都还没吃完，池塘里的鱼也是鲜活乱跳，这年恐怕要过到元宵之后才会休止。

元宵刚过，归家的人们又将踏上征程，觥筹交错之间，夹杂着伤春离别的情绪。新的季节降临了，气温开始渐渐上升，冬天的寒冷即将过去，即便是乍暖还寒，这寒意里也是透着些许喜悦的——春天总是让人心神荡漾，哪怕凛冽的寒风依然敲打着窗棂。

这一天开始，时节走进了春天，北方的雪还未融化，南方的草木似乎也还未萌动，但是人们愿意先给日子安排一个过渡的仪式，任凭那风雪吹来，依然翘盼着春日快快降临。寒风伴随着春雨，过节插的桃枝还未丢掉，碎了瓣的花颤巍着挂在枝头。下扬州的时间拟早了，春的信息尚未明朗，瘦西湖的岸边野花零落，泛着清冷的淡香，水冻成蓝绿色，岸边的杨柳还是旧岁的枝丫，偶尔能看到正在努力外冒的新芽，让人惊喜万分。"东风吹散梅梢雪，一夜挽回天下春。"江南近年的雪越来越少了，偶遇雪景，便是全城倾动的景象，更让雪天里多了几分过节的气氛。而暮冬一枝小小的梅，便会牵动行人无止境的想象。

小径中裹紧大衣前行，走过二十四桥，穿过荷花池，寒风把脸吹得通红，走到腹饥的时候，心中更热切盼望一碗清淡的、冒着热气的阳春面，那眼前的诗意怕是要在梦中回味了。睡梦中依然有爆竹的声响，也许此时，那些酝酿了一个冬季的春意要醒了，一切都在蠢蠢欲动，这个时节，能不能遇见一个如春天般明媚的你？

很多年前，第一次坐飞机去桂林，从桂林坐大巴再去阳朔，惊讶于这里的山水突兀于眼前，竟然是自己从未见过的幻境。哪怕是在语文课本里读过，但身临其

扬州，瘦西湖 | 繁花点缀湖水，泛着寒意的春光

境，依然让我对这座小城多了些许偏爱，它成了我日后来了又来的老地方。春天住在阳朔后院，大榕树对岸总是竹影婆娑，枯去的叶子随着遇龙河的竹排飘去了远方，湿冷的冬天还留着些许让人寒战的余悸。躲在后院的咖啡厅里，等一场雨停。顶着凛冽的寒风去了一趟旧县，祠堂门口坐着用炭火取暖的老人。拎着自制炭炉的老人家总会关切地问："孩子，太冷了，要不要也抱一个？"遇龙河的水蓝得通透，还未从冬季中苏醒，河面上的竹排少了许多，零星的似在打探春天的讯息。穿岩村的几只公鸡总是不分昼夜地鸣叫，大概是跟小狗相处久了，生人来了就打鸣，当然它们偶尔也会打个架，要把春天给彻底吵醒的架势。沿着土路从村后拐去河边，刚换的新鞋子便粘了湿漉漉的泥土，远处的枯树还没来得及发芽，但在山和水的衬映下，显得茕茕孑立，别有风格。虽说春到人间草木知，但这自然界的传讯也要有个过渡期，南方尚且如此，北方恐怕冰河还未开，这盼春的心情，也是愁煞人的。

广西，阳朔｜大榕树对岸，村子里的春泥粘上了新春刚买的鞋子

　　广州入春之时人总会有些困顿，想下又未下的雨，让空气变得潮闷，每逢此时我总是倦意绵绵，无心读书。约朋友去郊外散心，在北边的花都大概还能寻一点冬末凋零的气息，好好与过去的冬天告个别吧。岭南的古村大多被改建得面目全非，果然，花都未能避免。顶着寒风坐了摩托辗转了几个村子，几乎没有收获，古村要么破败倒塌只剩门楼，要么拆倒重建焕然一新。最后寻到了钱岗村，正如古人的"柳暗花明又一村"，哪怕只是郊游，也算是豁然开朗了。这是个建于宋朝的村子，村民据说是陆秀夫的后代，走去广裕祠，却发现大门紧锁，坐在石阶上叹着白跑了一趟，数着门口的对联惋惜。看守祠堂的老人却来开门了，几十年如一日地守候，遇到几个真正喜欢这些文化的人，老人难免异常兴奋。钱岗村的老房子所剩无几，唯有这祠堂修葺整齐，雕梁仍在，线条流畅，

广州，花都 | 钱岗村
的老宗祠里，看门
的老人

当年的威严不改。老人用鸡毛掸拂去冬日积尘，红墙上探出几枝新开的
桃花来，阳光恰又投了进来，疲怠的心情忽又活了起来。

去安溪山中清净几日，恰逢有做茶的朋友带路，车子在山中盘绕几
圈，山顶可见山坳处排列整齐的茶园和延
绵的梯田。来到举溪村，茶园里的茶叶还
未抽嫩芽，要想喝新的春茶，怕是来得太
早了。午后仍然还能听到节日的爆竹声，
去茶人家里小坐，久未居住的院子有点凋
敝，但收拾一下就又亲切温暖了。傍晚我
们几人坐在屋檐下煮茶喝，茶人喜欢用铁
壶炭火煮水，专门把从日本带回的铁壶一
路从厦门带了过来，仪式感十足。泡一杯

福建，安溪 | 村子
里的做茶人，用铁
壶炭火煮一壶去年
的秋茶

5

去年的秋茶，驱逐寒冷，香溢四处。在茶人家里住上一夜，醉了茶，竟久未入眠，夜里听着四处的虫鸣，想着冬天的往事。

春节之前去绍兴，抬头望屋檐下的绿，才晓得立春节气到了，老人家觉得次年没有立春，不是一个好意头。对于农耕民族来说，春天播种、适时而作是老天的安排，人不能违背自然，对自然需怀有敬仰之心。去会稽山脚下，住在大禹开元临河居的屋子里，木门咯吱地开了，掀开蜡染的门帘，深褐色的木床和长塌如旧，屋子暖和如春，感觉不到外面的寒意。天是阴的，偶尔会飘点小雨，裹着羽绒服去吃面，穿过后面的廊坊小桥，便听见白鹅沉闷嘶哑的叫声，终于理解了为什么用鹅公嗓来形容不好听的说话声音了。主人家把鹅放去了碧绿的河水中，它们便扑打着翅膀开始嬉戏，一点都不怕冰凉的河水。杨柳轻摆，乌篷船的歌声由远及近，这景象不正是我期盼的江南初春么？夜晚独自在灯光氤氲的房中，读着《小窗幽记》，却见屋外树枝摇曳的影子，趁着月色，赶紧把桌上的一瓶女儿红开了，就着绿豆糕小酌一杯，才不负这孤寂清冷的夜。离开绍兴几日，才知江南飘雪了，这春雪来得真不是时候，偏偏待我走了才下，若那一晚推开窗，雪迎着风飘进来，落在我的杯沿，伴着微醺的我，该有多沉醉。

"东风有信无人见，露微意，柳际花边。"春雪慢慢消融，迎面而来的风，开始温润和潮湿。开始的时候总是隐隐约约的，摸不着却又潜入心里的，对春的渴盼，一阵风也好，一朵花也罢，反正，盼来的日子终归是盼来了，一切都将慢慢地丰盈起来。

浙江，绍兴 / 临河的老桥下，几只白鹅在寒冷的水里嬉戏

时光缱绻

我以为，我和春天有个约会，很浪漫，却不知，我和雨水有个约会，更诗意。待春是翘盼的期待的，待雨却是慌乱的焦急的，就像小鹿乱撞，心底是湿漉漉的萌动。然而雨水日往往没有雨水，愁煞了人，一片烟雨春色的景象还迟迟未出现，有时时节跟我这样慢热的人有点相似，总是落后一点，犹抱琵琶半遮面，说来不来的样子。

在漳州云水谣住了一宿，第二天起了一个大早，前一夜一直下雨，雨声在清晨之时才沉寂，敲碎了游子的心。晨雾弥漫在河畔，榕树的倒影写满了对春雨的依恋。他们说，云水谣的榕树分男女，隔河对望，枝丫都往对面生长和伸展，像要拉住却未能够着。那永隔一江水的爱恋终是浪漫而伤感，我宁愿要一个花好月圆的结局。也许这个时候，最适合跟一个相知的人，各自携一把油纸伞，从桥上走过，不搭话，西风斜雨打在脸上，就这样心领神会地走一个早上。

一大早去茶农老简家里喝茶，住在小学破旧校舍里的老简夫妇，屋子里摆着好几个冰箱储藏铁观音。当年的新茶还未摘，老简的老婆牡丹拿出去年的秋茶，泡了满室馨香。近年来铁观音因采用有机种植的模式而产量大减，正在为春季的采茶工序而烦忧的两口子，期盼着今年的春茶能有丰收。雨过天晴，站在茶农的屋檐下，细闻草木清香，那些藏了一个冬季的愁，越过薄雾未散的河水，渐渐淡去。不必叹人走茶凉，续茶的人温润可亲，如春光般明媚，要离去的步伐总会减缓的，总是要离去，时间不要走得太急就好。

　　南方的春天总是来得早一些，花也早早地开好了。很奇怪，节气来

福建，漳州 / 一个寂静的清晨，雾起云水谣，小雨将停未停

9

源于黄河流域，却在江南一带得以流传，人们赋予节气诗意的寓意，大概小巧精致的听起来总比恢宏开阔的更得人心一些。不过人各有爱，我生于岭南，也能因热爱而感受到岭南二十四节气的诗意来，毕竟，所有的意境都是人赋予的，所有的故事也都是人创造出来的。雨水时节去踏春，却恰逢天晴，桃花涧漫山遍野的红，让人想入非非。桃花的花瓣总是张扬的，像极了年少时的恋爱，怕别人不知道，又怕别人知道，肆意告知春天的到来，又想躲一躲冬天的寒风，于是两难之间，正好羞答答地开着。很少去白云山，一年下来最多两次，自己城市里的美甚少体会。岭南的四季不分明，夏季太长，春季太短，时光仿佛加快了一个码，春天的凉意只在这暮冬之时可以寻到几分，忙碌的人们还未感悟到，就匆匆离开了，湿漉漉的回南天一过，夏天就掀开帷幕。我们渴望远方，在

广州，白云山／
去桃花涧踏春，
漫山遍野的红，
让人想入非非

成都，人民公园／雨过天晴，青青柳色，在茶馆四溢的小河边荡漾

远方寻找诗意的生活，然而，被忽略的身边的亲切与温情，等长大了才恍然大悟，原来错过了那么多故事。

"好雨知时节，当春乃发生。"忧国忧民的杜甫，难得有这样惬意的抒怀。一千多年前，那个在草堂默默坐着听雨的诗人惆怅万分，一夜的雨扰乱了他的思绪，或许这春的景象，能稍微缓解一下他壮志难酬的失落吧。来成都必定要去人民公园喝茶，在摆满竹椅竹凳的鹤鸣茶室里点一杯清淡的菊花茶，加了两片冰糖，拎起旧时的塑胶热水瓶，拔开木塞子，热气氤氲，在茶的余温里似能尝到这座城市怡然自在的时光味道。喝茶的人多数闲散着，看报纸的、下围棋的、掏耳朵的、小声哼着调子的、打着盹儿的、张望着寻鸟叫声的……没有一件"正经事"。抬头便瞧见岸边的柳枝抽了新芽，迎风飘扬，"随风潜入夜，润物细无声"。被洗涤过的青青柳色，大概是这初春里最招摇过市的颜色，撩得人心里痒痒的，巴不得就趁这春风随它去了，在荒郊野外也拾间破屋，建个茅庐，告别声色犬马，于此安身立命，每日看窗前风景。

春节后去家乡附近的村寨，这座隐居山间的古镇，有着独特的四角楼建筑。跟福建客家人的土楼不同，广东客家人的民居叫"围屋"，大多方形，也有防御和聚族而居的作用。梨花散开在灰白的墙间，春节烧的爆竹还未扫去，红彤彤地铺满一地，下过雨后，把泥土都染红了。阴沉的天气也还好，雨要下不下的样子，云也低了下来，老房子愈发显得古朴厚重。很多年前，客家人从中原迁居南方，尘埃落定，隐藏在异乡的一方乡土里，过着与世无争的日子，慢慢地，时间长远，这异乡变成了故乡，而遥远的历史，怕是只有人追忆却没有人惦记了。天气渐暖，日子又开始有所期待，人们的生活一如往常。

爷爷说我们老家在梅州兴宁，那里还有祖屋和亲人，我爸爸却说他没有回去过，那么近的故乡，到头来只是一个陌生之地。人们对故乡的概念总是模糊，古代的客家人都有着流浪他乡的秉性，现代的客家人却又秉持着固守本分的原则，当初他们不甘被困于大山之中，于是去更远的地方落地生根，甚至漂洋过海，如今又安于一隅，过着最平凡最安定的生活。"独在异乡为异客，每逢佳节倍思亲。"很多年以后，我们都把他乡认作故乡，将身心在此安顿下来。

客家人天性勤劳，娶一个客家妇女是很有福气的。据说在很多地区客家传统妇女吃饭还不能上厅堂，我记得小时候奶奶就是经常躲在厨房里吃饭的，但细细想来这才是客家妇女的聪明之处啊，厨房里的菜可是最新鲜最热乎的，客家男人虽然爱面子，私底下却是很宠爱自己的女人的。春天的大埔百侯镇下了一场大雨，往一处古老的房子檐下躲雨，从

广东，河源 | 林寨古村里，春节的迹象尚存，雨水把红红的喜气冲淡了

13

灰瓦当掉落下来的雨滴落在掌心，沁凉一片。撑着伞的客家阿嬷刚刚喂完鸡，也被这大雨给恼了，那一地的鸡粪被雨淋过，整个屋子都浸润着这特殊的乡土味道。洒在地上的饭粒也被雨水冲走了，几只肥壮的鸡被雨淋得直往墙角钻，一幕幕仿如回到了一个久远的年代，那时候，人们都安于当下的生活，满足而快乐。

雨水来临之际，恰是元宵终结之时，人们收拾好过年的心情，又投入到觅春的节奏里。古时年轻的闺女们都盼望元宵佳节出外赏灯，实则想遇见一个如意郎君，这心意恰如春天。若能在微雨里撑一把伞，感受着雨丝轻轻落入脚尖，眼前站着一个梦中人，会心的笑如春风拂面，我们对春天的期盼，莫不是这样一场相遇？

广东，大埔 | 老房子里，客家阿嬷刚喂完鸡，滂沱大雨直下

宜昌三峡 / 刚换了新绿的树枝，映在泛着绿光的江水上

万物生长

　　已到仲春，北方的天气仍有余寒，刚刚冰封的湖面上荡开碧绿的水，却是冰凉入髓的，这倒春寒在北方尤为明显。"春江水暖鸭先知"，南方的鸭子则是向来不怕冷，西湖断桥旁，整个冬季都能看到几只鸭子在残荷旁边觅食。不怕冷的还有麻雀，屋檐上、桥墩上处处能看到它们的身影，春雪料峭，它们却在雪中欢快地游走。本想束之高阁的冬衣还得穿在身上，即便在岭南，一个稍不留神，就中了这春的蛊惑，以为薄衫春衣郊游的时节又到了，不料惹了一身风寒回来。"仲春之月，令会男女"，虽然回暖还需等待，然而恋爱的气息早已经散发在桃花林里，年轻人可不管那么多呢。

　　生机萌动，万物舒张。一声春雷响，伴随着小雨浇灌着被冷藏了一冬的人世间。惊蛰应是最有气势的节气吧，时间悄无声息地走，有序地变化却只留下痕迹，唯有惊雷敲醒了沉睡的日子，势如破竹，席卷而来，接下来便是桃红梨白，草长莺飞了。长春净月潭，春季的马拉松刚结束，这是一个适合运动的季节，这些年流行这种需要耐力的运动，人们忽然都领悟到不管是健康还是生活，唯有持续的才是长久的。吐故纳新，新鲜的空气里夹杂着汗水和泥土混合的气味，绿叶上挂着昨夜的雨珠，我们身上却还穿着厚厚的大衣呢。草丛深处虫声蔓延，微风吹来便涟漪般散开，微黄的芦苇荡顺着风挥舞，似有刚从南方回归的小鸟在丛中欢快跳跃，叶子在不断晃动，却始终看不见鸟儿的踪影。冬天的影子还在，枯枝尚未换新芽。南方的日月潭此时早已是繁花盛放吧。诗意的温柔仍然包围了路人的心，人走着走着，便都应了这景，脚步欢快了起来。

在南方的老城里是一定会迷路的，住在广州十多年，木排头却是第一次去，据说这里是以前做苦力的老百姓聚居的地方，如今却能在这里寻找到广州老城诸多旧时的影子。这个冬天并不寒冷，据说北京一整个冬天都没下雪，南方的街头冬春的交替更是悄无声息，只有入夏的潮热，

吉林，长春／春日载阳，有鸣仓庚，有虫子在密林中喧闹

会让广州人心领神会一些。狭窄的路，有市井气的巷道，街坊买菜时的讨价，孩子们放学时的雀跃，鱼贩们把鱼缸里鲜活的鱼捞起来给客人看，开着一扇窗的小卖部里有送快递的小哥买了一瓶可乐坐在旁边的凳子上咕咚一口气就喝完，逼仄的楼梯只能走一个人，路灯亮起，幽暗暧昧，仿如王家卫电影即景。夜市开始的时候更是充满着撩人的镬气，大排档红油烈焰，三两围坐的都是周围的街坊，偶有不想做饭的母亲带着背书包的孩子来加餐，不时往孩子碗里夹菜，广州人的夜生活刚刚开始，这又是广州老城平常的夜，不只是春天，四季如此。

旧时的习俗是农历二月初二龙抬头时要剃头发，代表吉祥如意，老街区里简易的理发铺，墙上挂一面镜子，旁边放一把椅子，生意非常好，几块钱剃一个简易的发型，偶尔师傅还帮忙剃个须，手艺不比发廊里专业技校出来的小伙子差。要在南方辨别节气的区别，大概要看人们的生活细节了。

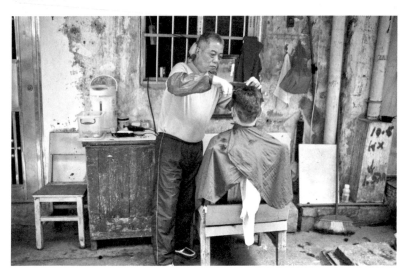

广州，木排头／二月二，老城里的简易理发铺

湘西是一块神奇而神秘的土地，很多地方依然闭塞，交通落后。通道是三省交界，当年重要的通道会议选择在此处召开，但很多人并不太熟悉这段历史，反而对神秘湘西更加向往。位置讨巧却要从别处辗转，一趟抵达已是傍晚时分。沿着石板台阶上山，青草萋萋，四下突然沉寂，抬脚之间方才看到有虫子在石阶爬走，为了不踩到它，用树枝把它送回了草丛之中，大自然优胜劣汰，害虫益虫都罢了，四季流转，万物生长繁衍，总有它们一份弱小的功劳。走上山顶，便能看到整座如芋头形状的侗寨的全景，空气有点沉闷，一场雨蓄势待发。放眼望去，寨子外面的稻田里三五农人似乎也开始忙碌起来，过完惊蛰，农忙就开始了。换作往日，家乡的孩子们就要放农忙假了，大伙儿见面，怕都要约在田坎上。晚饭是参与一场侗族百姓的长桌宴，喝几口小米酒，听姑娘们讲点前世今生的事，"把酒共留春，莫教花笑人"，这场春宴才刚刚开始，常春的人却都微醺了。

惊蛰

湘西，通道/芋头侗寨，上山途中偶遇一只被雷雨惊动的虫子

客家土楼的结构是客家人聚居的最美方式，团结又保持独立。造型独特的土楼群，给山沟沟里的春天增添了一抹动人的妖媚。土楼惊动了世界，土楼里的生活却依然如故，楼上起居楼下厨房，每家每户都守着一方水井，打井水做饭泡茶，人们固守本分，日出而作日落而息。"屋上春鸠鸣，村边杏花白。"梨花盛开的季节里，黄砖墙外分外妖娆，裕昌楼旁的阳光正好，楼房门口贴的春联还未撕下，春耕春种，村子里早已经忙碌起来。可在古时，冬去春来却是难熬的，青黄不接，播种时盼望收成，也只能巴巴地等待了。那一年的春天，我刚开始学习摄影，当立于春风中，站在梨花下，等待村民们荷锄归来时，对于"摄影是有预谋的遇见"的说法，我也就理解了有三分了。

日暮的时候去浙江天台山，住在了国清寺旁边。晨钟暮鼓，僧人们早已经做完晚课归去，国清寺紧闭着大门，梅花似乎早已开尽。沿着山路走到了隋塔，有看塔的老人轻声地询问客人来处。站在塔下抬头望塔顶，只看到塔身上斑驳的苔痕，直到长出青苔，直到天老地荒，几千年的浮沉，它能留下挺立至今，定是经历了无数风雨摧残，这正好成全了其沧桑的美感。天台山的傍晚，我跨过围栏才进入山下的油菜花地里，那里有穿着布衣的僧人在劳作，拎着木桶从远处挑来水，挥动着锄头松土，摘了菜上的嫩芽准备晚餐。袅袅炊烟从旁边的村落升起，隐约可见的隋塔耸入天际，远山寂寂，夜色沉落。

黄花深处，有闪着翅膀的白蝶，古时的花朝节也在这前后吧。人们逛庙会，踏春扑蝶，有人专门为花朝酿酒，这元宵节的庙会刚走了没多久，痴男怨女们便又出来寻寻觅觅，这样的闹腾怕是要持续整个春天了。欧阳修写道："聚散苦匆匆，此恨无穷。今年花胜去年红，可惜明年花更好，知与谁同？"文人多惆怅，这欣欣向荣的景象，何来道别的伤感？花开花谢终有时，不必太伤春。这看淡一切，修行的僧人一定体会最深。

春来春去催人老，然而大地回春，世间万物都在轮回，冬眠的虫子苏醒了，黄鹂鸣叫了，蛰伏的鸠也开始求偶，诗意地栖居在大地上的中国人，因节气而多了一些对岁月的感叹。惊蛰，惊动的是虫子，牵动的却是人心。也许春耕的忙碌，会让心事重重的人多少可以寄托一些思绪和希望，至少那田间的生机勃勃，依然是会让垂暮之人感受到人世间的美好。

浙江，台州 / 油菜花开遍天台山，高耸的隋塔，日暮的钟声

舒云淡影

春色平分一半，日夜长短相同，我所在的南方城市，在春分时早已经收拾了棉被，蚊子开始肆虐进屋，屋内的蚊帐要挂起来了。而朋友所在的北方，尚且有冬的影子在，冬天潜伏在春日里，久久不肯离去。春天从岭南开始，奔赴遥远的漠河，大概都要耗去好几个月的时间了，此时更应该相信，美好的东西总要缓缓地、慢慢地来，在手心的时候要好好珍惜，因为它去得也快。

春夏秋冬，去了无数次大理，这座城就像一个魔咒，吸引了无数想要寻找另一种生活方式的人。春困之时和大理约会，甩掉了古城的嘈杂，穿过人民路，骑车来到大理郊外，绿油油的麦穗随风飘扬。有人说这里一年四季都是春，这三月的阳光分外柔和，让人沉醉而不愿离去，有人便发誓留下来不走了。但到了日暮，也不免冷风起，要裹紧衣衫。一天有四季，每天都逢春，这才是大理最诱惑人的地方。我们说不出为一座城市停留的确切理由，却可以找到它四时不同的美。美是短暂的，让人留恋的只是当时的心情。"绿野徘徊月，晴天断续云。"大理的四季不明显，每时都有春的景象，难怪才子佳人们都蜂拥而至，在舒云淡影的好时光里，开始了一段只晓风花雪月的人生。春风过后，北方又下了一场小雪，南方却已是穿裙子的季节，年少的时候，每到这个时节，不管是男生还是女生，都在等待那个班上最早穿上裙子的女生，春光闪现，皆是美好。

"雨绵绵下过古城，人民路有我的好心情……"下雨的古城里，人民路正是诗意又怅惘的时节。大理的书店开了一家，倒了一家，又开了一家，然而，下雨的季节，在人民路附近的某一个书香角落里，读一本经过主人精挑细选的书，嗅到那从街道某个旯旮里飘过来的火腿炖芸豆的味道，还夹着丝丝雨滴的清新，那是一种让人沉迷的氛围。有时候回到钢筋水泥的大厦里，偶然一个走神儿，记忆便落回人民路，那座叫大理的城。

春和景明，这样的午后，也很适合在成都城里走走看看，寻一间茶馆喝茶，寻一条小巷散步，于是便走到了宽窄巷子。游人如织，穿梭而过，喧闹的街道，灯红酒绿，三大炮的叫卖声不绝于耳，一

大理，郊外 / 随风飘扬的麦穗，透出一种只属于这个地方的懒

四川，成都／茶馆楼上，忽然探出一抹清新的春意来

不小心就弹到了身边，让人措手不及又开怀大笑。时闻掏耳朵的清脆敲击声，川剧的脸谱在半遮掩的窗台上忽隐忽现，会有旦角妩媚的眼神划过，留在镜框里。转角处的咖啡厅里有人抱着吉他唱着"在那座阴雨的小城里，我从未忘记你"，歌声缱绻幽怨，很快淹没在人来人往的嘈杂中。小酒馆里生意火爆，每一个举杯邀饮的人，都似有惆怅的心事，抿一口，眼光却游离在别处。借酒消愁愁更愁，还不如走在春花下，与友人叙一番往日将来，心事终要说出来才更舒畅。抬头望天，却瞧见檐下窗前探出一抹春色，让人困顿的心情忽然明朗开来。

我在和顺幸福里客栈过上了小镇的平常生活，春日里，阳光正好，一顿清淡的肉末饵丝之后，余下的便是散淡的时间，等辣辣的阳光稍微弱一点，正好是去田间地头里寻觅春色的时候。《黄帝内经》说，春分要"食岁谷"，即是提醒我们要常吃时令的东西，不时不食，这在城市似乎有点苛求，在腾冲倒是平常生活不足为奇。古镇百年老菜场里，每天都有农民挑来的各种刚冒芽的新鲜蔬菜，赏心悦目，一些野菜叫不出名字来，但一看就是春天才有的样子。驱车前往界头村，绵延山路，龙川江在一侧流淌，在高黎贡山脚下行驶了一个多小时，油菜花地一片又一片掠过。黄花丛中是村子里的黑瓦泥墙，偶尔会有一排参天笔直的树木在田垄中排队树立，风吹过婆娑起舞。抵达界头才知路边的菜花地不过是附近村庄普遍常见的风景，走路到高处俯瞰，是看不到尽头的大片油菜花海，与远近山峰树林相连，无人不惊叹大地的手笔，竟能如此神奇。

腾冲，界头 / 田间春意闹，油菜花海绵延不绝

走入花丛之中，蜜蜂颤动着翅膀忙着采蜜，无暇顾及行人的惊扰，这春意闹的景象让人沉醉。

岭南的春意渐浓，在广州，羊蹄甲花几乎四季绽放，春季最为热闹，常常在枝头惊艳了路过的行人，抬头即是惊喜。校园里的树林越来越茂盛，成为人们赴春宴的好去处。到了周末人头攒动的景象，堪比武汉大学的樱花季。广州人民务实，这场盛大的春宴至今免费。春日却是花开花落的时节，粉色和白色的羊蹄甲花迎风飘扬，花瓣纷飞，落到了发丝上，落入了掌心里，映衬在古典教学楼的青瓦上，像一场缤纷的春雨，落到了人间。而长在水边的三角梅则探到了水面，与碧绿湖水相衬，格外妖娆。花城未曾辜负过来者的心意，不管春夏秋冬，总有一种花肆无忌惮地盛放着，让人错乱了时节的排序。这温润的天气造就了温润的内心，所以这里的气氛总是能容纳百川，让人舒适。但花城人却不太习惯用花入馔，皆因这里的老百姓生活大多实际，诗意都藏在心底，哪一天你走在广州的天桥上，看见花海沿着桥沿伸展，一片红色蔓延远处，高架桥上也成了花园，便知晓一二了。

广州，华南农业大学 / 校园里的春色最诱人之处，在于伴着浓浓的文化气息

春天的丽江有一种更让人缠绵的气息，早晚的温差明显没那么大了，早晨的凉意也渐渐有了舒适感，午后的阳光分外炽热了一些，夜晚更惬意，是能安眠一夜的温度，也是能长谈一夜不愿睡去的温度。那一晚风吹着廊下的灯笼，因为有故事而平添了些许暖意。翌日去白沙镇看纳西人的盛会，正是赶上了时候，玉龙雪山下，人们都穿上了盛装，迎接一年中最重要的节日——三朵节。祭祀神灵，祈求平安，大伙儿纷纷出动，难得有这么热闹的场面，所有人都放下手中忙碌的事情。回来时绕了路便去了束河喝茶，坐在河边沏一杯滇红，春光洒在河面上，口渴的小狗跑过来舔了舔河水，又赶紧跟上了主人。大街上多是从盛会里回来的人们，再背上背篓到街市买菜，路途中话个家长里短，正好赶上回家里做午饭。如此丰盛

丽江，束河 / 庆祝三朵节仪式结束后，人们纷纷回到了镇里

的年华，即便生活如常，也该偷偷笑了，毕竟平凡的日子，才能平安地遇见每一寸光阴。

　　小时候家里的檐下总有燕子窝，燕子呢喃总是那么亲切，燕子是候鸟，秋分前后飞往南方，春分前后又飞到北方，人们把燕子称作玄鸟，有了神话的意味。老家的燕窝里，春夏秋冬总有燕子的身影，春天的时候它们轻盈地穿梭在回廊，天冷了也不愿意离去，这里温暖的气候留住了它们，让它们放弃了远走他乡。其实人也是有惰性的，在一个地方过得舒适了，就会淡化故乡的影子。人间最美的还是烟火气，连燕子都晓得珍惜当下的日子。

旧梦缠绵

　　这是春天里最美好的时节，清朗舒适，微风和煦。这样的日子，最适合窗前寄读，翻开几页烂熟于心的诗篇，人自清醒了，浮华世事也就明朗了。风云变幻都是窗外事，燃一盏香，沏一壶茶，听小雨落在来客的雨伞上，又闻急促的脚步声远去，滴答如许，仿如小曲。人生的荣辱浮沉，便也化作春风，吹散了，淡去了，然而故人的影子却逐渐清晰，走进梦来。

　　坐船去君山，洞庭湖畔雨水纷纷，船家说，这个时候茶叶已收成，去的人不多了。"日暮笙歌收拾去"，如此一般人去楼空的光景，却应了清明的情绪，恍惚中伤感的意境让人惆怅叹息。湖边的芦苇青青，有钓鱼的人轻轻荡开了双桨，跟船上的客人招手问候，不知此时洞庭湖的湖鲜，是不是如春天一般青嫩？

　　果然岛上来客甚少，却恰恰合我心意，有时候遇见的未必是最合时宜的，但正是最好的。经过茶田，摘一片被漏掉的嫩芽放进嘴里，甘苦青涩，嘴边却留着淡淡的香气。去茶厂看刚刚摘好的茶叶，还未杀青的叶子散放在竹篮里，青翠欲滴，经过揉捻翻炒，将成为一片片银针。针叶浮在杯沿，清香留在口中。做茶人手捧着茶叶，一季度的收获之喜溢于言表。那日在君山，听娥皇女英的故事，有小孩不懂，便问，那舜帝是怎么跟两个妃子过情人节呢？某位智者便答：他们三人坐在一起泡君山银针茶啊。望着远处森森水波，心想，这次对茶又有了新的认识。且不知此时春天已经过了大半，至绚烂的春色也将逝去，一场春雪在北方哗然而落，惊扰了探春的人。看着这烟雾袅绕的南方湖畔，遥想着一些令人唏嘘的往事，怕是那一杯淡香的银针茶，也未能让这无由的愁绪释然啊。

入夜，在蜀中的竹林里住宿，从成都一路赶来，衣衫都沾上了雾气，湿湿糯糯的，像泡在了水里，像沉在了雾里。主人的小餐馆设在竹林中，没有菜单，竹笋跟其他食材自由搭配——它总是万能型的，宜炒宜炖，做汤也很清甜，满院子都是竹叶清香。坐在竹椅上，就想躺倒睡下，沉醉在这片仙气里。点了一个全竹宴，喝竹荪汤，吃竹笋，古意浓郁，羡慕常年以竹为主食的大熊猫。这个时节，就该在这竹海里做一场一帘幽梦，梦回宋朝，与苏轼一同踏春，临风听雨，听竹叶

湖南，岳阳 / 君山银针刚刚采下嫩芽，一杯明前茶香早已经沁入心脾

沙沙作响，喝一杯淡酒，尝一块甜肉，就着古琴吟诗小会。哪管世事风云变化，只保留一颗清明之心，付诸这诗意的浪漫中。竹林里无其他繁杂事，吃饱喝足，坐在窗下听竹声，小雨飘洒在竹叶上，静静感受，也似在轻歌慢吟。第二日清晨，玻璃窗朦胧，看不清窗外任何景色，山野被笼罩着，更似仙境，只是道路滑，只能碎步往前走，小雨忽又降临，散中步竹海，飞瀑小溪，湿漉漉的春。

春天的景迈山一年四季都是绿树成荫，千年古茶园隐藏在这座古老又神秘的山里，据说已经有两千多年的茶树种植历史，很多茶树亦是生长了千年。热带雨林的气候滋长了这里的万物，一些看似低矮却枝干粗壮的茶树，都少则有百年的生长期。景迈山的布朗族人对茶树有着敬畏，他们伟大祖先留下的珍贵茶树造福了无数子孙后代，茶树亦是庇佑他们平安与富足的神灵。正逢茶祖节，人们按照古时流传下来的习俗，纷纷来到山上，参与繁复又庄严的祭茶神仪式，此时又正逢傣家泼水节，每个上山来拜祭的人们几乎都湿着身

四川，蜀南竹海 / 烟雾迷蒙中投宿山里，吃了一顿全竹宴

子——被泼水是一件幸运的事，说明自己受欢迎。

人们用小公牛祭祀茶神，身着礼服的长老主持仪式，僧人们同声念祭祀词，然后便是锣鼓和铓锣的响声，地动山摇似的，把春天也吵醒了，细啜着雨露的生物，此时还在甜梦里揉着双眼吧。

在中国，清明所在的整个月份，都是思念故人的时节，人们到先人的墓前，松一松土，扫一扫尘，再奉上一杯白酒，倒上一杯清茶，与逝去的亲人共叙衷肠，一场思念的仪式过后，生活终将要继续前行。

云南，普洱 | 景迈山里，祭祀茶神的锣鼓声响彻山谷

漳州是一座小城，也是一座老城。人们喜欢从早上到晚上与一杯茶为伴，躺在摇椅上，摇着扇子，拉着家常，打着牌下看起，木棉花便掉到了他们因为酣睡而起伏不定的肚皮上，正好拾了回去用药。若是在岭南，主妇们会在花树下等待着花落，拾去晒干，便可煲一道祛湿解毒的老火汤。生活总是在不经意中流露出原本的悠然与肆意。城市的傍晚，老街里落下斜阳，又到了归家的时间。落叶归根是花对泥土的情意，也是人对故土的情意，千百年来，人们守着自己的家乡，大都不愿意背井离乡远走高飞，不管外面的世界如何诱惑，仍心系故土，宁愿一辈子本分地守候。那些老城里一日复一日的日出日落，让人沉湎的岁月的安详，如今看起来都那么动人和温柔。因为有人守候，故乡才成为故乡。

"清明时节雨纷纷，路上行人欲断魂。"坐车到浙江临海，走到东湖岸边，雨停了，阴天，檐下木兰花开，清香扑鼻。这样多情善感的节气里，除了凭吊故人，应该最适合凭窗阅读，遥想着书中的书生，执一把纸扇，在书塾里朗声诵读，尔后又嬉笑园中。在公园里走着，享受风的惬意，不知不觉就到了傍晚。湖对岸便是气势磅礴的江南长城，沿着阶梯而上，

福建，漳州 | 日暮，老城、老街和老人

数不清多少个台阶，经过一座座修缮后的城楼，孤单如我，听城墙两边树枝上麻雀的叫鸣，仿佛与自己对话，偶有玉兰花的身影从枝丫里探出，煞是多姿。从梅园下来，梅花早已经凋败，而夜色也分明了几许，这样月朗星稀的夜晚最适合追思。清酒如许，在这江南异乡的小楼里，敬月光，也敬故人。

清明与寒食相近，冬至之后的第一百零五天，冷食禁火，本以此纪念晋国名士介子推，后来慢慢演变，则成了人们踏春郊游的借口。苏轼被贬黄州之后书写《寒食帖》，书者抒发的是"卧闻海棠花，泥污燕支雪"的纠结，却不料这境界为后人乐道，此帖也成了名垂千古的名帖。现在想来，主妇们应该很喜爱这个节日，不用生火做食，明摆着就是放一天春假。尔后还有三月三，壮族的新年，广西的朋友们平白多了几天假期，羡煞了旁人。在古代，三月三称为上巳节，文人雅士们会在流淌的河水旁设宴，把酒杯置于河水中，随波而下，杯子停于某处，某人便要取来饮尽。这种流行文化也只有先人们会想得出来，如今河岸皆是高楼，要寻一处可设宴的地方，怕是要翻山越岭了。

浙江，临海 / 东湖岸边，春雨初晴，玉兰花俏立枝头

花间茶事

　　清明后，谷雨前，除了天气，唯有茶与这节气断不了干系了。明前龙井，明前碧螺春，似乎茶跟节气攀上了关系，喝起来总是多点傲气的。以前人们喝茶，讲究的便是事不宜迟，吃的喝的都有时节，没有保鲜没有防腐，科学不发达，人们崇尚的便是自然，而如今人们追求时令，也并非倒退，而是遵循传承，生活方式看似复古，实则迈了一大步。有一年去安溪看茶，选了三月去，去早了些，乌龙茶的采摘和制作时间总是有点靠后，反而秋茶来得恰是时候，所以每每秋茶更得人心。谷雨之前泡一杯旧茶，看一树梨花带雨，这是怎样的好年景。

　　印象中最深刻的春天记忆竟是在丽江。在这座高原古城，春天的气息如岭南一样并不浓烈，那时候"福尔摩斯侦茶局"还在，狮子山上那首轻轻拨唱的《大约在冬季》还在，在一间没有客人的客栈里，青灯映照月朗星稀的夜晚，一夜未眠的困意，在各自的旅途故事中变成杯中的红茶，在烟雾弥漫的撩拨下，越酝酿越有味道。谷雨三朝看牡丹，在束河，开得最多的花却是月季，墙角处，窗台上，唯独难看到牡丹的影子，但月季这邻家女孩般的花朵却更适合束河这样的青瓦白墙，不会显得太过霸气，却又有自己的娇嗔，与这座古镇的气质刚好相符。我每次来丽江都会在束河待一些时间，龙潭的泉水流过屋前屋后，碧波荡漾一如当年，然而，对坐而饮的人却不是故人了。歌曲里唱：某年某月的某一天，就像一张破碎的脸。阳光洒在河面上，波光交织着，午后的时光匆匆，恰似你的温柔，而我们也将各自远行。"还会再来吗？""或许是最后一次了。"这是一个相逢又离别的故事，故事很长很长……

北方的春天总是有点不尽如人意，常常躲着北京不愿去，却又常常想着北京，对京城的感觉是带着厚重的历史回味的，有对某一段岁月的向往和依恋，浓得化不开的情结。从宜昌辗转到了首都，一切仿佛都还新鲜，古都仍是我梦中的样子。没有雾霾的天气里，和风煦煦，这样的

云南，束河 | 波光潋滟下，一杯红茶，一段往事

北京，后海 / 首都天晴，遇见了后海最美的夕阳

北京叫人怎能不喜欢。午后走路去后海，穿过几条著名的胡同，放学的孩子穿着校服勾肩搭背地一路嬉戏。婉容故居亦是一片萧条，看不见旧时景象，只留空空的院子让人叹息，门口有新吐芽的杨柳依依。听说后海酒吧里的歌手唱歌很好听，路遇了几家，探头进去，女孩穿着白裙抱着吉他，望着来往的过客，眼神却是散淡的，唱的是来北京的小酒馆喝一杯，声音慵懒而忧郁。选了一家咖啡店入座，三人不约而同点了茶，我们都会意，谷雨茶的解困比咖啡多了一些时节的协调和应景。坐在阳台的小角落里，听着音乐从楼下飘来，望着远处有阳光泛动的湖面，各怀对时光匆匆的惆怅。那一天傍晚，遇见了后海最美的夕阳。

小时候对春天并没有概念，仿佛春夏秋冬轮流转，变化的只是衣服多少的更迭。后来背朱自清的《匆匆》，才开始对春天有些印象，过完春节，会开始观察大地的变化了，也会算着时间，等待时令食物的到来：枇杷成熟的季节，春笋正嫩的季节，香椿炒蛋的香味……春天是与味蕾一起出现的。从家乡的小城来到广州，新历的三四月底会期盼木棉花的

新疆，伊犁 | 白沟九道湾，杏花满山野，有牧羊人的笑声

绽放，也会学老广州人在阳台上晒几朵木棉花，闲时煲一碗木棉花瘦肉汤，祛湿散热。大城市的春天，少了儿时的朴素，于是更让人有所盼念，对季节的更替多了许多敏感与警惕。春天的样子，多半与自己生活的城市无太大关系，但无奈的是，我们又都只能在自己生活的城市里寻觅春天隐藏的影子。

从吐鲁番出发，从黄沙漫天的沙漠，到鲜花盛放的伊犁河谷，心中突然升起一股暖意，是对春天憧憬的温柔情意，是远离自己熟悉的城市去到远方的肆意。沿着盘山公路驶入白沟九道湾，走到半山腰抬头一看，远处粉白一片，盛放的杏花树散落在山上各处，仿佛梦境一般。本来听说已过了花期，这种我来你刚好绽放的缘分，让人满心欢喜。牧羊人坐在杏花树下休息，羊儿散落在草场里低头吃草，一阵风吹来，花影婆娑下的山谷，似一幅画，从唐诗宋词里走出来的写意。恍惚之间时间过得太快，日暮来临，牧羊人扬鞭赶马归家，羊群随着马背上呼喊的身影，

云南，黑井／日暮时分，老人坐在桥上听着龙川江的水静静流淌

38

一同消失在杏花深处，扬尘一片。

在偏远的普洱，澜沧江哺育了这里的人们，也哺育了这里的茶树。路边，穿着傣族长裙的姑娘毫不犹豫地爬上一棵茶树，演绎了树上采茶的美妙，动作敏捷，没有羁绊也没有尴尬，古茶树上婀娜多姿的身影，就像穿梭在树丛中的精灵，是春天的精灵。这里是普洱茶的原生地，茶树与森林里的古树一起生长，吸取了大地的所有精华，普洱茶没有龙井的诗情画意，却有着独特的神秘和大气。在遥远的澜沧江喝一杯源自千年茶树的茶，才不辜负这远道而来的崇敬。

谷雨前去了一趟四川，走川东北的镇子，几乎都在阴晴不定的天气里。在蜀南竹海那一日，抵达时眼前皆是通透的翠绿，时有竹香，仿如来到了神仙居所，夜里便听见雨声，一直到天明。去福宝去泸州去李庄，都是在小雨纷飞中行走，青石板路被冲洗得光滑明亮，映衬着小镇朴实原始的简单生活。四川的春天，就在这氤氲中，印在了我的记忆里。四川的春天印象，都在小雨迷蒙里，看不清的模糊，却是最明朗的美好。

朋友介绍的去嘉阳，我拐了好几个弯才找到小火车的车站位置，结果每天班次只有两趟，我们错过了早班车，只有等待傍晚。去程的车子是专为游客设置的，我们扛着大箱子，挤进了人群，坐在逼仄的车厢里，抱着各自因占了位置而有点尴尬的行李箱。车子到了半路会停下来，让所有旅客下车，大伙儿蜂拥至制高点，只为了看一眼烧煤的窄轨小火车从油菜花田驶过，向空中喷起烟雾，驶向一段久远的岁月。车子在一个叫芭蕉沟的地方停靠，已没有回程的班次，我们差点找不到住宿，很少

云南，澜沧｜景迈山，穿着紧身裙子的傣族姑娘在采摘茶叶

人落宿此处，当年的标语都还没清除，苏式平房到处可见，仿佛落入一个换了时代的空间，人们不被现实打扰，过着那个时代平淡的生活。夜晚的安静让人彷徨，我却碰巧重感冒，在冷雨夜里瑟缩了一宿，虽有点窘迫，但那晚的回忆很好。花十块钱租了当地人的军装，寻了一遍自己未曾经历的芳华。第二天坐上村民的蒸汽火车回县城，挤迫的车厢空间里恍如电影的画面，蜷缩在其中，唯有把头探出窗外透气，火车缓缓地又驶过油菜花海，一声鸣笛，让人深陷其中，做了一个逃离现实的旧梦。

不知不觉春天已去，谷雨过后，白日会慢慢变得长起来，春茶依旧未到，坐在家中泡往年的秋茶，唇齿间有些酸涩。惆怅来自往日的回忆和经历，以及如今沉静下来却偶尔烦躁的情绪。在书中读苏东坡的传记，讲到他被贬海南，一日在朋友家中遇见一歌妓，问起如何解离乡别绪，女孩回答：此心安处，便是吾乡。东坡顿悟，他乡遇知音，从此他的苏式生活，又多了一份安于现实的洒脱，就连想把他置于死地的仇人都无可奈何，他依然是那个有趣自在的老顽童。我想，同样的道理，美好如春天，若想多留抑或长留，只在于心境如何罢了。于是遥想，接下来的旅途，也还会有幸再遇见春天的吧，心有春意，处处是芳草，撑着伞亦能看到晴天，烈日之下亦有凉意。

北京，房山／幽岚山下，暮春的阳光洒在四合院的门廊上

四川，犍为 / 油菜花丛中，一趟驶向过去的蒸汽火车

夏季篇

绿树阴浓夏日长

　　首夏犹清和，芳草亦未歇。到了春夏之交，天气总是异常多变，时而闷热，时而清凉，不经意间，倾盆大雨。算不清在多少屋檐下躲过雨，也记不得这样善变的日子里曾生出多少善变的情绪，最终在一杯清凉的茶里慢慢平息。这时候去旅行，总是会有惊喜的，旅途或因一场雨而停于某座小城，或因炽热的风而躲于山谷之间，或因夕阳而忘记了赶路，有时也会被雾困顿于山中，不期而遇的欢喜，胜过许多预知的满足。等漫漫的夏夜来临，时间仿佛回到了孩童时代，太阳沉下山，葡萄架下竹椅旁等待着外婆的故事，月亮在远山升起，躺在竹席上，放下帷幔，听蝉鸣入眠，一觉到天亮。敦煌鸣沙山，夏日的午后有凉风陪伴，夏天，七月，有一种归属感。夏天，另一种生活方式开始了。

时光微凉

　　总算盼来夏天，人对自己出生的季节会有一种与生俱来的依恋，我不怕热，常常大汗淋漓觉得痛快，却有点畏寒，遇见冬天总会畏缩，每年也只会去一次严寒地域，感受一下冬季，骨子里对夏天的偏心不言而喻，这是一个万物肆意生长的季节。立夏，偏偏是最爱，此时天气还有凉意，夜晚有清爽的风。这个时候最愿意傍晚出门，寻一处郊外，与几位友人，相谈甚欢后小酒微醺。此时蚊虫开始肆虐，空气中开始有蚊香飘忽的味道，那股味儿一起来，整个气氛就入夏了。村上春树写："转眼之间，春日阑珊，风的气味变了，夜幕的色调变了，声音也开始带着异样的韵味，于是递变为初夏时节。"他的浪漫与细腻，赶得上中国古代那些生而为作诗词的诗人了。

　　村子里明媚春光已经过去，花儿开了又落了。在漳州水云间的午后，泡了一壶新鲜的高山白茶，吃几颗新摘的桃子，与几个友人围坐聊天，听主人戈子讲几段故事，忘记了庭间蚊虫的叮咬，也忘却了时间。茶很清香果很甜，故事美好又绵长。从厦门翻越群山至此，为了水云间几间古老的红砖厝。散步于村落里，家家户户的李子都已经成熟，用麻布袋子盛着，放在门口就可以售卖。只是李子太酸，酸得让人皱眉，吃的时候总得备一小碗糖水，适时解一下酸味，也不能吃多，牙齿会受不住侵蚀，但酸李子一入口，便是初夏的味道。日头已经晒到了后山，你走在前，我走在后，玉米秆儿都望着大伙儿在笑，初夏的诗意总在田园之间。不知不觉，渐晚的凉意在山间荡漾，暮春似还未走的样子，带着留恋人间的步伐。时节在更替，身边的人在变换，日子随着岁月的流逝变老变旧，只有四时的风景一直在那，每年轮换。

银川已是枸杞成熟的季节，去主人家吃饭总会看见庭院里种着枸杞，鲜红的果子坠在枝头，娇嫩欲滴，可随即采了入口，鲜汁顿时溢满舌尖。我们老家粤东也种枸杞，只是少见果实，大伙儿喜欢吃枸杞叶子，用来煲汤，清肝明目。人们把泡枸杞定义为中年人的生活，他们一定没有看到过新鲜枸杞的样子，那是正当青春年少的颜色和模样。沙湖阳光炽热，三万亩的沙漠尘土飞扬，绵延至远处，看不到边际，似行走在大漠深处，焦灼与挣扎的情绪涌来，有种在电影里的迷离幻觉。不料旁边却是万亩湖面，翠绿的芦苇随风荡漾，荷叶在湖心浮动，已有花苞俏丽，远山连绵起伏，偶有飞鸟掠过，相映成趣，心境又顿然开阔。"莺啼春去愁千缕，蝶恋花残恨几回。"这漫洒在天

福建，山重｜戈子的"水云间"里，有初夏新鲜的桃子

地间的阳光，哪来的愁绪可言？夏天便是跳动的季节，是欢欣鼓舞的，立夏一过，一切都开始饱满起来。只是这西部的黄沙总是会让人误会，稍不留神，惊觉身处海角天涯。

这几年在外行走，常常都有时空交错的感觉，从冬天到夏天，从黑夜到白天。如果回到农耕时代，便在井然有序的时间里，感受每一寸光阴的变化。自然万物遵循的是规则，而科技的发达往往把这种顺序打乱，于是人们对于时节的珍惜便不再像往常。所以回归时节，仿佛是把自己的生活重新排序，按照最初的规律，调慢节奏，一切从头再来。

初夏的果实当属樱桃吧，"飞来衔得樱桃去"，一口咬下去满口的滋味、红得欲滴的娇嫩，让人不免对夏天的开始充满了期待。孩子们的童年记忆里，可不都是夏天的么？池塘里捉鱼捉泥鳅，光着身子在洼地里玩耍，爷爷扇着竹扇子和奶奶话着家常，晚饭后一家人吃冰镇西瓜……长大了的人，对时光的流转总是惋惜的，不管怎么过，都似辜负了春光一般，于是便格外怜惜起初夏来，把整个夏季的计划都做得满满的。如

宁夏，银川／沙湖岸边，荒漠三万亩

若时间能够倒流，未曾经历过长大后的辛酸的你，依然是懵懂少年，依然辜负时光几许，甚至不如曾经，你还会想回去吗？

广州老城，一场大雨倾盆而至，几乎下了一整天，很多老街巷都被雨水埋没，穿着球鞋蹚着水走路，雨伞也不管用了。好久没下过这么一场淋漓尽致的雨了，万物都挡不住它的来势汹汹。入夜时分雨终于小了，一场暴雨过后的街景，寂寥而落寞。下班的人在路边买了简单的菜，准备做一顿迟到的晚餐。路过恩宁路，这是一条承载了广州许多旧时光的路，很多骑楼焕然

一新，小巷深处却依然保持着当年的模样，除了屋内的光线明亮些，街坊们的生活方式未曾改变。好几家卖铜壶的小商店相连，有孩子坐在店里写作业，父亲安静地陪伴一旁。老字号食肆的门面朴素得让人认不出来，若不是这一场雨，下班来排队的人应该会很多。简易的大排档总有零星的客人光顾，靠街的居民也总爱在巷道里放置烧煤的炉

广州，恩宁路／夜幕低垂，迎着小雨晚归的行人

子，火星闪闪，壶里的水永远开着，烟雾弥漫。华灯初上，老街道早已经进入睡眠的状态，广州入夏有点早，此时家里风扇都开得嗡嗡响了，厨房里的晚餐冷了又热了，骑车归家的人匆忙前行。

那一年我的第一本书刚好上市，与好友橙子去南京的先锋书店做分享，那时我们初尝写书的快乐，也是第一次来到这座千年古都。一直以来南京给我留下的印象极少，十多年前第一次自助旅行选择了下江南，去了镇江了扬州去了无锡……几乎走遍江南，也在上海住过一段时间，唯独没有踏足南京，说不上理由，大概只是漏掉了。十多年来来去去的江南之旅，少了南京，有些遗憾，秦淮河的夜始终与我无缘。分享会结束之后去老城墙，匆匆来去竟然未曾留半张影像。第二日渡江而来，在浦口，车站早已不似往昔，游客们闻声而来，停靠的皆是旧日老式火车，不运行许久，有些早已荒废，大家用相机记录这里的往日时光。正如这座昔日繁华如今沉默的城市，听得见历史车轮在响，但琐碎的生活一直在持续，能寻得见的往事痕迹稀少，于是人们渐渐淡忘了曾属于这里的

47

南京，浦口/老车站旁边的小铺子，没有客人光顾

绝代风华。车站旁的小吃店早已经变作旧家电收购站，主人躺着看电视里的相声，还有一只听话的狗，旁若无人，这样慵懒的午后，似乎夏天过了很久。

厦门的天气凉了一阵又热了下来，海岛的气候跟岭南一样叫人着急，是分不清四季光景的错乱，但又常常有错乱的惊喜。穿过海沧大桥，去了一个平常的村子里，只有一趟公交到达，周围是毫无特色的城乡结合部，但村子却有一个去处让来往的人啧啧称奇。红砖厝盖在荷塘旁边，残荷退去，新鲜的荷叶刚刚浮出水面，这里是陈氏家族的祖屋，有着非常风雅的名字，叫"荷塘别墅"。目前依然有陈氏后代在居住，每家人分别住在不同的院落，过着各自的日子，互不干扰，对来往的客人礼貌热情，不会拒绝游客进内参观。能有这样的气度，多数来源于对自己祖屋建筑的自信吧。这是典型的闽南建筑，大红灯笼挂在屋檐下随风飘扬，墙上的古老砖雕和壁画已经脱落模糊，院落里的龙眼花开得正是茂盛，屋角处偶见几串还带着青涩的枇杷挂在树枝，三角梅却是最耀眼夺目的，在青砖黑瓦的屋内招摇着，四处可见，让这有点落寞的老房子突然蓬荜生辉，一下子就嗅到了夏的热烈气息。

春日尽，花开到荼蘼，春宴终有结束时，人们常说迎春，却未听说过迎夏，毕竟是花落时节，难免让人有点伤感，但花落之后枝叶开始繁茂，强大的生命力才刚刚冒出端倪。人们都惧怕了炎炎夏日带来的不适吧，所以有立夏带个头，在微微有凉意的时候告知人们夏天的到来，就当是与春天的一个告别，在良辰美景里走向下一个季节。小扇引微凉，夏日悠悠长，谁知道这热烈的季节里会发生什么动人的故事呢？

立夏

厦门，海沧 | 荷塘别墅，肆意绽放的三角梅映衬着老屋的瓦墙

欲语还休

　　小满的含义是，夏季成熟的谷物开始灌浆，日渐饱满，但是我们都给小满赋予了新的意义，意为小小的满足。节气有小满却无大满，所以在古人的意会里，也有这一层意思，器满则倾，小满刚刚好，知足常乐，进退自如，都体现在传统节气里。欧阳修写农耕的美好，是这样描述的："最爱垄头麦，迎风笑落红。"他是个爱花的人，能歌咏农作物，并称之为"最爱"，让人为之惊喜。在麦田间行走的诗人，虽然清风道骨，但仍然被自然和生活打动，一日看尽长安花，最终还是归田隐居，逍遥自在，小满于他，即是潇洒自如的人生哲理。

　　上海阴天，听说过几日便会小雨不断，赶紧到多伦路去看看老房子。刚看完萧红的书，写的是她纪念鲁迅的那段。那一年去呼伦贝尔，在海拉尔的小电影院里看了一场三个小时的电影，电影的名字叫《黄金时代》，琐碎的记录早已经忘却，拖沓的情节也不愿多去回忆，但"鲁迅先生的笑声是明朗的，是从心里的欢喜"却记得清楚得很，不管她短暂的一生与多少人有理还乱的情感纠结，与恩师鲁迅的这份真挚师生情，总让人难以忘怀。而我读过的她的文字里，也是纪念鲁迅先生这一篇，生动活泼，且真情真意，让人过目难忘。在我眼中，萧红是最会折腾的女作家，在小满遇见从未满足的她，想起自己曾经折腾的年华，有种代入的欣然和喟叹。在内山书店看了许久的书，满架子和地上都是过了时的书，作者几乎都是逝去的人，书店已不是原来的书店，但找到的几本旧书却是当年的人写的，甚是欣慰。买了两本，一本是大学时期非常迷恋的徐訏的小说《时与光》，一本是张恨水的《啼笑因缘》，封面被磨破了，有些书页已经潮旧起褶，读起来有穿越的幻觉。在上海的日子有点遥远，这些救赎随我从上海搬到了广州，从旧的家搬到了新的家。

选了夏天刚开始的几天去台湾，从市区搬到了金瓜石的民宿里，雨

上海，多伦路 | 内山书店里，寻几本旧书，作者几乎都是已经逝去的人

下个不停，大多数时间就猫在屋子里看书和听雨。房间里有一本龙应台写给孩子的书，我读了好几个晚上，仿佛那个涉世未深的孩子就是我自己。白天沿着平溪线坐小火车游览，去了几个小站，出站后都是步行，平淡而美好的小地方。在九份吃过了午饭，他们说一定要在九份吃小吃，我却在人群熙攘中食不知味，我害怕在热闹中寻不着自己的那种惊慌失措。远山迷雾，整座小城如同镶嵌在悬崖峭壁上。来到十分，行人终于疏散了些，雨总是不合时宜又下了起来——台北的雨，很难停下来，更何况在山间。小满时节却到了十分，算一种缘分吧。躲到一家民宿，不料是一个私人民俗博物馆，喝了主人沏的一杯高山茶，听主人讲述每一件收藏品的来历，在密密麻麻的收藏室里，看到了旧时的生活物件，有毛主席像章，有民国时期的电话机……沉浸在回忆的思潮里，不知不觉已近傍晚。走出民宿，屋檐还在滴水，铁索桥横跨小溪，有零星游客撑伞走过，小狗跟在身后悠然快活，远处的山在迷雾之中，空气的味道，就像刚刚遇见了一段新的恋情。

台湾，十分 | 下过雨的午后，从民宿出来，铁索桥横在视野里

小满前后的四月初八，在珠三角一带有吃栾樨饼的习俗，据说是浴佛节的缘由，必须吃一种苦菜，然而栾樨的味道却是清甜的。这一天是佛陀诞辰，民间有很多纪念的仪式，而流传最广的要数吃斋了。现在大多数人并不会特意去寺庙里参加斋会，但每每对自己的生活起居还是有约束的。珠三角一带，栾樨这种植物特别容易生长，就像插柳一样，随处可见，遍布墙角，一些主妇也常常

江西，三清山 / 乡间的夏天有着浓浓的生活味，喂鸡的老人悠然自得

在家中的院子里栽种。每年到了浴佛节前后，栾樨叶子特别嫩绿，摘来捣碎成粉，与面粉红糖一起揉搓煮熟，用饼印上福禄寿等字样，讲形出来之后再上锅蒸一小会，便可以食用，味道非常怡人，可作饭后甜点，有植物的特殊气息，一点都不油腻。每每吃到栾樨饼，夏天也就悄悄地来临。

去三清山采风，已经过了满山杜鹃的时节，在不少乡下，杜鹃是长在坟头的花，叫坟头花，所以这也是一部分人不喜欢杜鹃的原因，觉得有点晦气。而我倒是没有这样的忌讳，生老病死，皆是生活的一部分，只是杜鹃的花开得过闹，我会更喜枝头小花点缀、半遮半掩的盎然情趣。岭头山村就在三清山脚下，"因阅乡居景，归心寸火然"，能在山脚下生活，是一种运气。村子里夏季是很有趣的，打糍粑磨豆腐包粽子，和孩子们在乡间路上玩耍，年老的长辈们，没事总爱搬张凳子坐在门口，一边看来回折腾的孩子玩闹，一边抓几把米，随手喂着眼前的鸡，这情景，祥和安谧，孩子的笑声和鸡的叫声相融。入夜时分，村子小卖部前面有宽阔场地，农村大妈们也会随着音乐跳时髦的广场舞，夜晚欢快而美好。吃一顿流水席晚饭，有土鸡和土菜，乡土味极其浓郁，夏天的夜里听虫鸣，看流萤相逐在荷塘，好一个静谧的夜。

在上海小住，空闲的生活不过是咖啡小品，读书几页，总感觉生活里缺了点真实的烟火，于是闲来无事，就去附近的古镇走走。一个小时内的车程刚刚好，不需要留宿。空气里还有泥土的芬芳，傍晚的朱家角，人们爱搬张竹椅拿把摇扇光着膀子坐在桥头乘凉，坐下来，就这样扇到日落。来这里吃一碟爆炒螺蛳，酱油的味道甜得刚好，一边看着河上的小桥流水，一边细啜着手中的螺蛳，末了还要吮一下手指。小小的满足，触手可及的幸福，人生满是欢喜。人多热闹的地方更不爱去了，工作日里写完稿子，会寻思着坐一趟公车，去老场坊瞧瞧，有点时代感的水泥建筑里，可以窥见设计的巧妙，兜兜转转之间，又回到来时的路。有情侣在此间台阶上小坐说悄悄话，也有拍写真的团队带着各种反光板走来走去寻找最佳光线，但一转身，四下里又突然安寂下来，我喜欢这种神秘感。"花看半开，酒饮微醉"，生活最佳的状态是小满，虽然在城市之中很难觅得时节轮换的讯息，但每个时节都能在细碎的生活细节里体会一点智慧的哲思，也算是老祖宗给我们留下来的财富吧。

北京房山区周口店镇的一个小村庄里，村民们大都已经搬进了新房子，老去的旧房改造成农家民宿，吸引了众多来寻找乡居生活的都市人。民宿并未改掉农家的结构，反而创造出更具

北京，房山/山村里是农家改造的民宿，早间喜鹊总爱在屋檐啼叫

新意的空间来，院子里晾晒着收获的苞谷，有当地的管家做劲道十足的手擀面。夏日里，人们在这里吃农家菜，过简单的生活，告别虚无缥缈的理想，回归鸡零狗碎的日常，享受着朝九晚五之后什么也不想的惬意。没有什么事情，比什么事情都不做，更让人觉得生活丰足美好。在"姥姥家"门口，杨树参天，天气特别晴朗，时有喜鹊在林间鸣叫，若有时间等待，便能看到它们美丽的身影在林间穿梭，在屋檐落脚。午后去看黄栌花，每年暮春初夏间，幽岚山的山谷里，粉红一片，黄栌花小巧低调，淡淡的一抹红，缓解了暮春的愁，带来了初夏的喜，让人又为生机勃勃的大地莞尔。住在乡间的日子不多，所以特别珍惜每一寸跟土地接触的时光，早早起来在乡间散步，寻找每一座院落的前世痕迹，仿佛自己也成了故事的主角。午睡梦醒，却什么也没发生，只有一丝凉风，透过纱窗吹进来。

上海，朱家角 / 暮色里的古镇烟火十足，有专门来吃爆炒螺蛳的人

　　"乡村四月闲人少""妇姑相呼有忙事"，在南方，小满是一个忙碌的时节，春天的嫩绿此时已成翠绿一片，稻田里蓄满了雨水。在古时，江南此时是要祭蚕神的，那时生活无非衣食住行，解决了吃，自然还要解决穿，蚕丝若能丰收，才是皆大欢喜。耕织完毕，人们也会在这时忙着去采草药，岭南人吃的栾樨叶亦是草药的一种，散热毒又好吃。农耕之余背上背篓去山间采药，这样的农闲，怕是很多孩子幻想的最快乐的童年吧。

青梅煮酒

"泽草所生，种之芒种。"在《周礼》里，"芒"指的便是农作物的收获。在《声律启蒙》里，"针尖对麦芒"，"芒"的意思是麦粒，麦粒渐渐变得丰盈，这样的景象，多在北方才能遇见。然而在云南大理的郊外，也常见麦穗飘扬。南北气候不同，南方种谷北方种麦，此时都是最忙碌的时候，儿时的农忙假往往也选在芒种前后。七天的假期，农村的孩子们回家帮忙播种收割，城镇的孩子去乡下感受五谷的生长，采摘蔬果，学习农耕的知识，而这一切，都是远逝的童年了。

每年五六月间总是能看到杨梅的身影，我喜欢杨梅的多汁，且吃一次，总能把指甲染得通红，不愿意洗掉，那是夏的气息。城市水果店里的杨梅用塑料篮子打包，让人毫无食欲，若去到乡间便是拿竹篮子采摘，每每看见总会不由自主流下口水。饭后吃几粒想解腻但总是停不下口来，酸酸的味道再蘸上点白砂糖，咬在嘴里立刻生津止渴。小时候妈妈会做腌杨梅，于是整个夏天都能吃到这个味道。终于等到有阳光的日子，雾水与沅江的汇合处，黔阳的老街里时光停滞，它不热闹亦不沉寂，不管独处躲避一两日还是与老阿妈喝茶消磨时间，总是相宜。光线通透地从纸窗格子里进来，那日正好路过老屋子里的厨房，一篮子的杨梅鲜艳无比，偷吃了几枚，嘴也没擦干净，主人便笑着说赠予我。捧着这惹人垂涎的成熟鲜果，仲夏也悄悄尾随着而来。不知沈从文笔下的翠翠，是不是每到杨梅成熟的季节里，也会带着篮子去采摘，心动之余，也偷偷吃上几颗解馋。

南方稻子熟了，北方小麦黄了，一场农忙之后，天气渐渐静寂下来，闷热难耐，蚊虫开始四处袭人。去西边的宁夏水洞沟，感受完旧石器时代的农作生活，在明长城脚下散步，左手是大漠孤烟，右手是平湖秋月，这种壮观和神奇，让人目不暇接。对于西部地区来说，时节的更替跟黄河流域、长江流域完全不相像，中国幅员辽阔，节气在每个地方的表现都不尽相同。在古代，这些边远的区域是苦寒之地，也是很多被贬的官员被流放之处，人们很少踏足，人们也不指望能在那里耕种土地，更别提收割庄稼了，至于诗意栖居之地，没有人会联想到那里。沙漠深处是随风荡漾的青绿芦苇荡。从藏兵洞出来，干燥的黄土地上长着枸杞，果实刚刚成熟，伸到了路边，实在诱人。三万年前，这里并不是沙石遍地。那时有宽阔的湖泊，低矮翠绿的灌木和丰茂的

湘西，黔阳 | 老街里总能寻到旧日时光，这是杨梅成熟的季节

57

宁夏，银川 / 漠风沙满地，贫瘠的土地里长出了诱人的果实

水草，犀牛、野马、牛羊悠闲地啃着草，鸵鸟嬉戏其间。时空的变换，让大海变荒漠，让高山出平湖，宇宙和时空让渺小的我们只能望而兴叹。走在大漠上，却吹来杨柳风，悲壮的背井离乡感拂过脸颊，让游子一颗不受羁绊的心，也微微颤动了一下。

芒种前后，大多数人记住的是端午，现在取消了农忙假，但端午的假期却延续了下来，特别是在城市里，因为没有耕种，芒种悄然淡出人们的生活，但端午节的粽子，清明还没到就已经在各大超市里琳琅满目了。端午的来由和习俗很多，赛龙舟、吃粽子是少不了的，在农村，人们也会在这段时间里挂上艾叶或菖蒲驱邪和赶走害虫，这些风俗因为沿袭了传统却又不失趣味，一直被人们津津乐道并延续至今。"端午"的原意是阴阳交错立正，此时天气磁场最为端正，所以成就了一切事物的生机勃发。

湘西的古村落稀稀落落，相隔不远不近，但要抵达路途却是错综复杂，交通如一张网，理不清。在客栈里认识了几位爱好摄影的阿姨，便一起租车去隔壁的村子，结果从黔阳去高椅村，竟然走了一个多小时。深山村落里的道路宛如迷宫，几百年来未受过土匪的干扰，但巫水畔的村子水运交通却很发达。在岸边看见神奇的"拉拉渡"，船工凭借手上的拉绳，带动船行走，把人和货物运往对岸，这种古老的渡船方式在这里延续了几百年，我却是第一次遇见。船工在用力拉渡的时候，是不是也会在心里给自己助威打气？摆渡人的真正意义，除了把客人从此岸渡到彼岸，有没有更深层的含义？千百年来，这种生活方式延续下来，也许绳索已经换了质地，船也改造得更先进，原本可以在船上加个马达加速，但人们并没有采用更现代的方式，时间便这样慢了下来。入夏，河岸静谧，大山深处的湘西，早已经烈日当头，偶有村民于水中洗涤，荡开的水面，溅起的水花，让我想起童年跳入水中畅游。夏日总是最有意思，而等待日落归西的焦灼，也是欢喜的，有老人说了，这段时间下水游泳，一年都不会长疮，真有那么神奇吗？大概是心情愉悦而散了郁结的缘故吧。

　　大家都劝告我夏天不要去江南，太过闷热，景色也没有了春的明媚，我却总是想在江南寻得更多古人诗词里表达的意境来，但往往总是事与愿违，毕竟诗中的江南是旧时的江南，如今的小桥流水都失去了一些本真的韵味。告别了熙熙攘攘的白日，刚刚苏醒的西塘古镇分外柔媚，其实不是我寻不到它的韵味，而是选错了时间，人们总是会在入睡和醒来之时，表现出最本真的自己，因为不需要跟别人交代自己。独处的自己是最迷人的，一个地方亦是如此，要想在一个陌生之地感受它的返璞归真，唯有清晨与入夜。空气是清新的，巷道是宁静的，人们走路的脚步声轻轻的，能听到小桥流水清澈的声音，即便是从屋角投射下来的浅浅的阳光，也像是跳跃的行板。江南慢慢褪去了暮春的清凉，炎炎酷暑即将到来。来西塘的过客总是一批又一批，

湖南，会同 | 深山村落，烈日当头，岸边洗涤的老人

他们喜欢来这里吃一顿地道的江南菜，尝尝这里的酒酿丸子，他们也喜欢找一家临河的茶馆坐下，喝一壶茶，聊着天，想着春天的往事。

屈原故里已经能闻到粽子飘香的味道，华夏各地的粽子也是五花八门，单单在岭南，每个城市里的粽子也不一样，肇庆的裹蒸粽、客家的灰水粽、珠三角一带的芦兜粽……至于超市里售卖的各种经过改良的粽子，我一般不会买，毕竟传统的节日吃传统的粽子，才有意思，才对得起人们世世代代把风俗传承下来的心意。从三峡大坝一路下来，看大坝蓄水的壮观，看三峡蜿蜒东逝的温柔，宜昌的风情尽在眼底。湛蓝的长江水在眼前流淌，红叶在屈原故居门前肆意地长着，映衬着仿古的建筑。

湖北，秭归 / 三峡人家，停靠江岸的渡船，江面静谧湛蓝

回过神来，才想起端午刚过不久，秋日尚遥远。清高的屈原早已随大江东逝，他留下的悲壮的作品却滋润了千秋万代。故居早不复原样，当年屈原是不是住在这里也很难考证，人们的想象总是无止境，"朝饮木兰之坠露兮，夕餐秋菊之落英"，能在诗词里感应当时作者的心境，已经足矣。半路停靠三峡人家，便听见远处拉纤的艄公的吆喝，虽然只是表演，但铿锵有力一如当年。遥远的笛声传来，木船从碧绿湖中驶出，像当年翩翩公子，身染繁华气息，却隐入丛林，一身仙风道骨。

春日早已过去，石榴花却是俏丽于枝头，"五月榴花照眼明，枝间时见子初成"，看见垂在枝头的艳丽花朵，就会想到秋日在云南蒙自街头遍地的石榴，口中生津。荔枝此时也有了收成，挂绿已经上市，果皮还是红中带青的，但剥开却是甘香莹白。午后饮春茶半壶，眼前是红晃晃的石榴花，几串刚采摘的荔枝置于碟中，忙中偷闲的逍遥自在，千万不能辜负。

浙江，西塘 / 清晨的巷道有点冷清，却是古镇最美最安静的时刻

61

刹那芳华

"我们都太年轻，以致都不知道以后的时光，竟然那么长，长得足够让我忘记你，足够让我重新喜欢一个人，就像当初喜欢你一样。"郭敬明的小说《夏至未至》，让夏至这个节气充满了青春的迷惘和疼痛。夏天来了，所以莫名会涌起一些躁动，钢筋水泥的城市有空调制造出的片刻凉爽，但每一块水泥地与太阳的接触都在吸收热能，让这个空间愈发闷热。这个时候人们自然是向往一缕自然的清风，乡间从山谷沁入肺腑的风是奢侈的，哪怕在公园里觅得一处阴凉，听见几声蝉鸣，亦会欣喜若狂。

总会想起多年前第一次来西递，单位组织的旅行，人头攒攒，看同伴们各种姿势留影，站在远处观望，似与这热闹毫不相干。暑燥炎热，独处时便人自清凉，蜻蜓点水之后，再无太多记忆。也会想起许多年前被困黄山雪地中，打着手机的光亮前行，最后怕摔落悬崖而报警求助的囧事。还有那一年带家人去爬黄山，雾中前行，除了到处找地方躲雨外，几乎一无所获，与一座山的纠葛竟然也这么历历在目。后来想想，皆因当时抱着旅游观光的心情，如果能住下来，等待云开雾散，等待冰雪融化，等待阳光普照，会不会是另一番柳暗花明？这次夏天去黄山，松柏青青，一路攀爬终抵顶峰，大汗淋漓，看到风光无限。疲惫至极，终于有时间在黄山脚下的西递古村留宿一日消遣困意。未到暑期，人不多，乡间清寂，此时才觉得古村的诗意原来如此贴近。白天路过做油纸伞的店家，坐在对门吃臭豆腐，看油纸伞挂在檐下，有穿着旗袍的灵动女子摘下把玩许久，又捡几把精致的扇子，刹那芳华尽显。尔后，店家也终于有了时间，可以慢慢地跟来客絮叨一段关于丁香姑娘的往事。

六月是南方的雨季，不宜出门，但老困家中，未免生出倦意。南方蚊虫也多，滞留室内常常会被困扰得烦躁不安，有朋友建议可以点一盏香，驱逐蚊虫之余还能提神。小雨将停未停，玉兰花洒了一地，抬头低眉之间皆是淡淡清香。此时却有黄叶被吹落，与细雨一同飘洒在空中，让人忽觉秋天降临。夏日落叶，冬日繁花，本就是岭南特有的景象。有人说二十四节气是写给江南的，也有人说是写给黄河流域的，但每个地域又有不同景象，才尽显热闹。广州四时的变换也是一道迷人的风景。在一家素菜馆避雨吃饭，寥寥几个客人，素雅清净，庭院里的植被丰盛，旁有芭蕉，雨滴在芭蕉叶上。房间里也燃一盏香，有艾叶、菖蒲、白芷交错的味道，温馨可人。主人家的菜单每个节气换一次，按时而食，

安徽，西递 / 热风逼人，一把油纸伞下，忽然凉风阵阵

夏至

63

前菜主菜和主食都规定了当季食材，端上来的几样皆是解暑气和去湿热的食材。当日的主食是龙井茶淘饭，这道专属于江南的夏日清简美食，让我这个"蛮夷"大开眼界——原来饭经过茶的浸泡后，竟然是吃不饱的。依次序吃完，肚子空空如刮了油一般寂寥，餐后的水果还有杨梅，恍如隐入了山中，吃了多日的素食之后的轻松感飘然而至。走出小院，大雨又滂沱。

夏天的吃食总是清淡为主，在岭南，会有清心降燥的莲子百合糖水，主妇们会在家中常备，午后定给家人和客人奉上，随时解渴和解暑，兼有滋润的功效。在电影《无问西东》里，米雪饰演的母亲的一碗莲子糖水，感动了一群热血青年，那是妈妈做出来的味道，是家的味道，里面有关照的叮嘱也有爱的寄托，这也是岭南人对糖水的另一番析义。

夏至，是万物最茂盛的时候，也是大地阳气最盛之时，这是一年夜最短昼最长的日子，过了这一天，物极必反，阴气渐长。人们此时最爱讨论如何避暑，比如寻一个反季的清凉地，那里"门闭阴寂寂，城高树苍苍"，我们常说心静自然凉，其实说的就是停下来。古人自然懂得吟诗赋词、抚琴作画，以此让自己的心境处于平和状态。现代人没有机会这么闲情雅致，但也懂得停顿，喝一口凉茶，吃几颗荔枝，一日的浮沉和杂乱便沉淀下来，脚下自然有一股风，涌上心头。

六月伊始，沿海地方已经开始台风频繁，一场不大不小的台风，却能把整个交通脉络切段。从杭州返穗，不料碰上台风过境，列车不允许驶入广东境内，按原路线折返，旅途遇上这种事情

广州，东方红创意园 | 素雅清静的素食餐馆里，避一场夏至的雨

夏
至

有点扫兴，但又恰恰有了新的遇见。踌躇之间，决定在金华下车，去了
许久未去的诸葛村。十多年来的时候这里仍是无人知的村落，迷路几次，
在诸葛奶奶家五百多年的老房子里，那一夜伸手不见五指，闷热的老房
子里没有空调也没有风扇，我们静躺在不知多少人躺过的老木床上，听
着窗外时而传来的狗吠，一夜未眠。后来陆续又来诸葛村，那里已经不
是以前那个让人迷路的村落了，村子要买门票，还陆续开了不少商铺，
池塘边是食肆，有现做的酥饼卖。此次是雨夜抵达，跟随客栈主人抄了
近路，踏着被雨冲刷过的石阶，想起多年前未眠的夜。昱栈是刚开的客
栈，在池塘边，撑开木窗便可见池边洗涤的村民，客栈里的空间设计极
其讨巧，虽然小巧精致但设置了不少公共区域。转角是茶室，天井处放
置鱼缸，鱼儿躲藏未见，有小荷才露尖尖角，倒影里是古村的黛瓦粉墙，
暑意顿消。

65

广东的夏至有点难熬，常常是憋着不下雨的天气，闷得人心都慌了，因为这一憋，接下来恐怕是要一场滂沱大雨，抑或台风光临，所以到夏天总要防着天灾，至少，得随时备着雨衣，得留人在家里收衣关窗。还是忍不住选了一个周末去了趟潮州，坐火车去，只是想出去透透气，又不想走太远，这种一个多小时便能抵达的去处刚刚好，其实是想吃牛肉粉和蚝仔烙了。住在牌坊街附近的民宿里，临近开元寺。带父母去寺里上香，祈求健康与平安。开元寺早已经焕然一新，旧的建筑几乎荡然无存，但这里的香客依然很多。门口有手持转经筒的大爷，自在地踱来踱去，后来听说每日早餐后他便会经过寺庙，在这里转悠半天，附近的居民都熟识他，他日复一日地转着手中的经书，从冬天的大衣到夏日的薄衫。傍晚去散步，广济桥横跨在韩江上，中间断开处是给船只通过的，造桥的设计如此有创意，让人赞叹古时匠工们的技艺。坐在老街的大排档吃各种粿条，也吃用料十足的蚝仔烙，是小小的确定的幸福。

　　夏天去旅行首选的目的地大都是云南，此时的香格里拉，温差有点大，白天炽热的阳光会灼伤人的皮肤，夜晚却又不得不披上外套，难怪住在这里的藏民们长年穿着袍子也没有焐出病来，白天遮阳晚上御寒，确实很受用。第二次徒步香格里拉，总算带了部卡片机，背着氧气瓶，花了大半天时间，穿越了整座普达措公园。结果一趟下来，氧气没用上，白白背了好几个小时。人生在夏，正是年轻气盛的时候，这个时候若畏畏缩缩，恐怕以后连碰壁磨炼的机会都没有了。夏日的草儿鲜嫩，夏日的花儿娇美，连倒影都写着笑意。夏至已到，一切如约而至，多想接下来的旅途，都像以往那般无忧无虑，自由自在，高兴了停留，厌倦了离开，有时间再来。我对云南总是有万般的依恋，来来去去不下十回，四季如春的天气，二十四节气在这里如同虚设，完全是春季不断在单曲循环，好几次夏季去藏区，却带上冬天最厚的衣服，走在寒冷的夜里，遥想江南的潮热，是一种奇特的体验。旅行带给我的欢愉，大多来自于这种无法预测的未知。

"又春尽，奈愁何？"在夏至还感叹春逝，写词的人一定在北方吧？南方早已是仲夏。我们都害怕失去，年年岁岁不复返，春天却总会再来的，离开家乡的人盼着早日归家，读书的孩子们盼着暑期的到来。所幸自己与故乡相伴，未曾离开太远。傍晚归家，也总会在楼下的凉茶铺带几碗龟苓膏，等夏夜难熬，从冰箱里取出来淋点蜂蜜，吃完后躺下睡觉，冰凉沁于胃肠之间，感叹夏日的美好。

云南，香格里拉 / 徒步普达措公园，牛羊在山坡吃草，河岸边芳草萋萋

此去经年

时间又轮番着到了阳历七月，总会想起几年前在苏州，走过落寞孤寂的平江路，独自一人徘徊在拙政园，与几朵荷花隔空对话。一不留神，雨就落了下来，躲不及，撩起裙角跑到廊檐下，辛酸之时，脸上淌着的不知是雨珠还是泪珠。夏季应是欢腾的，雨后放晴，空气清新。同样是荷花，第二年去查济在旷野的池塘里看到，却多了一份喜庆。大清早露珠还未收去，过路的人都在为它赞叹，在村子里小住三日，日日与之相见，也未觉得腻烦。所谓美景，皆因心情罢了。

去新疆察布查尔参加锡伯族西迁的纪念活动，来客们都在歌舞和美酒中沉醉了，那段时间这座小县城人满为患，寻不到住处，我们住在有点脏乱的小宾馆里，幸好暑热天气里，夜晚的新疆仍不需空调便可入眠。躺在梆硬的床上，想着葡萄架下的往事。那次作为锡伯族儿女代表的佟丽娅也参与了活动，我却总觉得她的家乡在遥远的腾冲。下了雨，她穿着透明的雨衣出现在现场，有陈思诚护花做伴，全场一片哗然，那是这个小县城里夏日最热闹的事，那时的她也是幸福的吧！当年的回忆，时过境迁。翌日兴之所至，大家欢呼着要去赛里木。翻过群山，驱车百里，终于看到了高原上这一滴蓝色的眼泪。蓝色的湖面静如处子，没有一丝风，没有一丝涟漪。在湖边坐下，牧马的小孩儿没有生意，自己骑上马背在河中徘徊，自得其乐，却也成了一道独特的风景。

　　从英德到黄花镇，大雨滂沱，在街上卖卷烟的档口里避雨，卖烟和买烟的老人们对这场雨一点都不惊讶，自顾自地卷烟点烟，悠然自在地聊着家常。小桂林的山水在雨雾中变得梦幻，雨后巧遇了一座叫彭家祠的村寨，寨子沿山而建，有小布达拉宫之称。当年为了抵御土匪而建造的民间城堡，如今依然屹立于山谷之中。彭家的孩子招娣假期没有事情做，便帮家族充当彭家祠的讲解员，跟随着她瘦小的身影把整个寨子逛了个遍，听她零碎地讲述寨子里的故事。登到高处，远望群山，一直滔滔不绝的招娣也沉默下来，仿佛这些每天都能遇见的风景在她的眼里，依然是一种令人敬畏的传奇，那是对大自然的敬畏，也是对自己家族历史的敬畏。在广州，夏日的午后通常会下一场阵雨，在每天特定的时间如约而至。天色突变是家常便饭，这样沉闷的日子，便去朋友的香堂坐坐，看她专门调一味香，如修道一般的次序和动作，坐于其中，看着烟雾袅袅而起，

新疆，赛里木湖 | 牧马的孩子没有生意，自己骑在马背上玩耍

冥思中，身心沉静许多。所谓心静自然凉，说的就是如此吧？

总是割舍不下广州这座城市，要让我搬走，那就是背井离乡了，但总有一天会离开这里的，不是吗？

此时中山大学夏日的紫荆花开得有点落寞，长长的林荫之路写满了青春的回忆。那一年中大北门的下渡路，是不是也有你的故事？"流年未亡，夏日已尽。种花的人变成了看花的人，看花的人变成了葬花的

广东，英德 | 彭家祠沿山而建，登高远望，群山鹤立

西藏，扎什伦布寺 / 去定日的途中经过寺庙，刚好碰到僧人们赶着去做晚课

人。"为赋新词强说愁，这就是少年的滋味，也是夏至的滋味。

　　三年前的西藏之旅，是人生的一个断章。从成都出发，沿着川藏线，翻越群山，抵达拉萨，那是好几个失眠的夜，原来跟一段过去告别，需要如此用力。《东邪西毒》里那句话还记得吗？"当你不能够再拥有的时候，唯一可以做的，就是令自己不要忘记。"为什么要走川藏线？因为这是翻越地平线的一个梦想，它是如雪莲般纯净的圣土，它的波澜壮阔足以让人回味一生。它虔诚却也奇妙无比，它被无数人的脚步踏过，却在每个人的心里留下唯一。去定日的路上，经过扎什伦布寺，那日夕阳西下，僧人们都赶去做晚课，神色肃穆，穿过红色的大殿。干燥酷热的高原近晚时分亦会阴凉，穿着黄袍的僧侣从身边走过，像带了一阵风。离开寺庙前往珠峰大本营，那天四点起床启程，穿上最厚的羽绒服，打着电筒排队过边检，来到大本营时天还未亮，却已见远处山峰的曲线若隐若现，呼吸难免急促，在帐篷里喝一碗酥油茶缓解高原反应。当日光渐渐把深蓝变成淡蓝，山峰呈现，让人泪目。

去敦煌山庄庆祝生日，第一次在大漠孤烟里接受祝福，那晚的灯笼照亮了整片荒漠。然后开始了一段毫无目的的自驾之旅。此时的青藏高原，竟然空旷无人，车子行驶在一片荒野之中，笔直的道路似乎没有尽头，累了便停下来，把车靠在路边，把准备好的桌椅在路旁摆开。然后刚从市场里买的西瓜便登场了，一边咬着西瓜，一边感受自由的风，这样肆意的旅行，似乎没有几次，让人忘记了夏日的炎热。从敦煌到德令哈，再从西宁折返，路过茶卡盐湖。湖边有用湖盐制成的各种雕塑，其中成吉思汗的最是栩栩如生。人们把这里称作中国的天空之镜，人在其间行走，仿如走入梦幻，倒影与天际浑然天成，像离开了地球，在烈日当空中，多了几分孤独。

农历六月去青海同仁，去隆务寺，寺庙位于山间河畔，不知是静穆的气氛还是清凉的气候，突然觉得有入秋之感。僧侣们围绕着寺庙虔诚地转圈，休息时，与小僧侣互留了联系方式。原来年轻人可以在这里短暂带发修行，脸上仍然带着稚气的他，笑起来就像正午的阳光。隆务镇是隆务河畔的一个小城镇，分属藏传佛教、汉传佛教、伊斯兰教的隆务寺、圆通寺、清真寺在百年沧桑中，始终和睦相处，共处一条街，在黄南地区被传为佳话。那天吃完午饭，烈日当头，我们在镇上漫步，走到圆通寺，

青海，茶卡盐湖｜
阳光炽热，天空
之镜却是一片清
冷，如梦如幻

73

听当地的朋友在解说寺庙的历史渊源。走到转角处，看见让人动容的一幕，一个回族的老爷爷坐在地上一边晒太阳一边读着经书，看见我们则是莞尔一笑，点头表示问候，一旁陪伴他的孩子看见了陌生人有点雀跃，不断地探出头来察看动静，动作腼腆又可爱。在印度电影《小萝莉的猴神大叔》最后的剧情里，自出生便没说过一句话的女孩儿焦急地望着一路艰辛地把她从印度送回巴基斯坦的大叔，终于喊了出来，信仰不同宗教的她，却大声地喊出了印度教的祈祷语，这一幕让人热泪盈眶。这种融合与尊重，也让我想起那一年，在青海隆务镇的所闻所见，那个炎炎夏日里，吹入心里的一丝温暖柔和的风。

此去经年，很多过往都发生在夏天，想起那些自己曾经去过的地方，熟悉而陌生。每年节气轮回，就会想起当时自己的心境，以及空气中飘浮的气味。也许旅途的意义，就在于往后的回味。江南此时正是采莲忙，人们不惧日晒，在莲池中嬉戏。跟春天的诗意相比，夏天是欢闹的，孩子们更喜欢这个可以无法无天的季节，而在云南，人们还嫌热闹不够，此时此刻，彝族的火把节把夏天带入了高潮。

青海，同仁 / 圆通寺的一角，念经的老人和可爱的孩子

明月清风

很喜欢台北的清晨，坐地铁到了西门町，街道上行人稀少。不管是冬季还是夏季，台北的雨每次都是任性地来任性地去。早餐铺里的人最多，大多数是外带去上班的，点了一杯豆浆和一份油条，突然有点不适应这么安静的西门町。夏末总有一些说不出的惆怅，被一场雨打乱，湿漉漉的，闷热的，但雨过后的一阵沁凉，又叫人无限留恋。

"正立无景，疾呼无响。"酷暑难耐，南方沿海的台风已经过境好几次，天气阴晴不定，对人们出行总是万般阻挠，这样的日子或许只有待坐家中纳凉看书更逍遥自在。人间处处是"火炉"，即便是北方，依然难抵骄阳似火下的四十度高温。"桑拿天"里最难熬的时日，也是落得清闲的时日，熬过几天，日子就开始变得短了。城市里更是像一个蒸笼，此时想在烈日下仍然安坐一隅读书写字，恐怕是做不到，于是决定趁着暑期，去一趟海岛，幻想着海风徐徐，能让暑意消减一些，至少去除一下心中的烦闷。

珠海是一个闲适的城市，雨后在情侣路散步，看着水珠在紫藤上欲滴，心情也顿时好了起来。夏雨过后的清凉是让人舒坦的，但海边的乌云密布却让人担忧，夏季是这里台风密集的时候。还是决定坐船去一趟外伶仃岛，风雨中摇曳的渡轮，我在一阵晕眩之后抵达这座传说中的岛屿，住在了村屋改造的海景房里，掀开窗帘，远处果然是椰树、礁石和大海。风雨过后，海岛宁静，吃一碗消暑的海草糕，去海鲜市场买新鲜的海鱼，开着电瓶车躲到山间林荫处眺望大海，此时心境开阔，想起不怕热的姑射仙子腾云驾雾，也不过如此了。

　　从西宁回敦煌的路上，正好经过门源，彼时七月，门源的油菜花开得正灿烂。很长一段时间以来，夏季到青藏高原欣赏油菜花，已经成为很多人旅行中的铁定路线。门源油菜花由于花海规模太大，显得游客稀

青海，门源 | 时值仲夏，油菜花遍地金黄，花海空旷，暑意顿消

落，走到近处，还能抓拍到一大片空旷壮美的"无人区"。蓝天白云衬托下的油菜花海像一幅画卷，伴随清新空气和微风，难怪大多数人把青藏高原当作一个梦。大暑前后，也到了七夕，人们喜欢给每一个传统的节日赋予美好的意义，元宵是情人节，七夕也是情人节，但是明明传说中牛郎与织女天各一方，七夕鹊桥相会，有点悲情，可谁会管它真正的意义呢？只是找个理由互诉衷肠罢了。脱了鞋坐在花海旁，你说七月是我的，我说七月是你的，我们相视而笑，这个夏天，是我们的，然而这个夏天，终将过去。

在写大暑时节的诗词里，表达的最多的就是如何消暑，"绿树荫浓夏日长，楼台倒影入池塘"，到底是山居岁月更能让人心静，日出日落悠然自得。"独坐幽篁里，弹琴复长啸"，若居住之处能有一片竹林，哪怕不是隐居山中，也会有出世的洒脱，怀抱古琴，对天长啸，还有什么烦躁不能去除？秦观还有一首诗，题目就叫《纳凉》，单看题目就有一股凉意。"月明船笛参差起，风定池莲自在香"，携一把竹椅坐在湖畔，明月清风，莲花的香味也随风飘来，远处的船笛声声，倒是一点都不让人觉得腻烦，平添了几分凉意。也许，在炎炎夏日里，除了从冰箱里拿冰镇的西瓜出来让人心生欢喜外，找几首正合时宜的消夏诗词反复吟读，也是能触景生情、去除暑意的。

江南的大暑是很难熬的，挥汗如雨闷热难耐，岭南似乎让人感觉舒爽一些。我好几次在酷暑去了江南，一个叫绍兴的地方。绍兴吸引我的，是它的市井味，不管是西街还是仓桥直街，老百姓过着一如既往的生活，游客极少，我喜欢这样的安静，不忍心去打扰这样的安静。真的非常热，热得池中的水都变得绿了，好像很快就要蒸发的样子，船工自然摘下了毡帽，晕乎乎地都快在船上睡着了。曾几何时，江南也被列入"火炉"

之列了。"温两碗酒，要一碟茴香豆。"这是绍兴人的日常生活之一，仓桥直街就有一家酒窖，走近便闻到一股酒香味。绍兴的黄酒跟这里水墨画一样的景致融为一体了，闻到酒味，就想到绍兴。在水乡，船、桥、水自然是入画的素材，在这里，人们也喜欢在自己雪白的墙上写上几句诗，画上几幅画。整个绍兴老城，在盛夏的热浪里清新绽放，回首这些画面，怎么能联想到那时四十度高温下的绍兴呢？

去山西晋城看皇城相府，没想到抵达这里要从洛阳转车，于是便成就了我与洛阳短暂的缘分。我常常听说，客家人的祖先多来自中原河南一带，他们经过当年的大迁徙，来到了广东福建一带定居，几百上千年的历史往事，大多数人都不会再去追溯了，我这么多年旅行，之前唯独没有踏足河南。怕是去的时间不太对，此时正是火炉焚烧的时候，暑气

浙江，绍兴 | 江南的暑意扑面而来，连水都晒得碧绿

从脚底升腾起来，环绕四周，想逃都逃不掉。洛阳天气干燥，夏天更是闷热难耐，在丽景门的老街里，到处都是洛阳水席，人们喜欢把各种荤菜素菜用水来煮，我们说的四菜一汤，在这里全部是汤，但大家吃得也很快活啊，缺啥就爱吃啥，洛阳人在水席里找到了自己生活的养分。令我印象深刻的却是这里的独家小吃不翻汤，大滚锅里舀出来，样子却似福建漳州一带的锅边糊，料太多，两个人才能吃完一碗，且酸酸甜甜还撒了胡椒。大热天里趁热喝完，脸上已是油光满面，暑天里在洛阳吃小吃恐怕是顾不得脸面的。去白马寺消暑，正好僧人们在做功课，念经的声音穿过走廊传入耳中，轻轻的念经声，犹如清凉的风，令刚刚在小吃街里滚热翻腾的景象烟消云散。

　　在新疆吃了几天的锡伯大餐，啃了几天的羊肉大骨和锡伯大饼之后，突然很想尝试一下市井的味道，在市场里看小伙子们做最地道最热腾腾的锡伯大饼，一起在哈萨克族大妈昏暗的店铺里吃了几个香喷喷的烤包子。这样的生活不就是我想要的旅行生活么？随意地看随意地走，看到什么就是什么。我对察布查尔的记忆，也是从这一张张平凡的笑脸中获得的。在这里，老百姓的心是开放的，他们愿意接纳别人，不介意自己的笑容出现在别人的镜头里，他们觉得摄影师给他们拍照是一种自豪，会用自己的真诚去跟别人交流沟通。我喜欢这样的地方，对这种有着淳朴民风的地方留恋不已，作为一名游子，被接纳和被善待都会让人由衷地欣慰。清晨的时候去逛市场，从宾馆走到吃饭的酒店那一段散漫短暂的路，沿途可以看到很多当地

河南，洛阳/白马寺，午后的静谧

居民的生活状态，记忆中比较深刻的便是有一天吃早餐的时候路过一家士多店，老板在向客人兜售新鲜牛奶，"五块钱一公斤"，他笑着对我们说，眼里是亲切的问候也有自信，也许在他的心目中，这里出产的鲜奶就是全国最好的，而我也深信不疑。

　　荷花已经开满了池塘，开了窗，总有一支粉红的荷映入眼帘，摇曳生姿。腐草为萤，土润溽暑，大雨时行。再怎么难熬的热，也即将过去了。想着夏天已经到了尾声，热气很快就要收场，时光留不住，只好喝一碗解暑的陈皮绿豆沙，跟这个夏天好好道个别吧。

大暑

新疆，察布查尔｜市场里，卖馕饼的大姐和她的孩子

秋季篇

轻罗小扇扑流萤

对秋天总是充满疑惑，在南方，立秋之后，似乎才是酷暑来临之际，南方人说，我们这里没有秋天。在北方，秋天是夏天的结束，是冬天的前奏。有人说秋天就是⋮⋮在我看来，秋天就是最短暂的美好，该丧失的早已经丧失。⋮⋮该得到的尚未得到，这种被季节左右的情感，常常驱使着人们思考世界和人生。古人们把秋天形容得很凄美，悲秋在古诗词里比比皆是，即便寒冬，炉火边温暖如春的感觉也胜过秋的萧萧瑟瑟。可是，秋天依然让人迷恋而欲罢不能，它是一种恰到好处的哀愁，是可以抬头仰望蓝天的暂且休息，它让你意识到，必须消失一段时间，离群独居片刻，享受季节更替带来的空寂。我们在城市里追逐秋天，我们在乡村里寻觅秋天，这个季节里，没有特别的惊喜和兴奋，亦没有糟糕的烦恼和压抑。秋天来了的时候，过去的都已经远去，一切好像刚刚开始。

83

长夏未尽

古时候，每到换了时节或季节，朝廷的宫殿上，史官便会大喊："秋来！"这一句宣告，令秋天的到来比其他季节都显得郑重其事。因为这一声带着回响的呼喊，树上那几片将落而未落的梧桐叶，便随着喊声飘了下来。这样有仪式感的季节更替，也只有文艺的古人们能想得出来。"梧桐一叶落，天下尽知秋"，然而这么多年过去了，立秋早已到，路两旁的梧桐叶仍然青绿，没有一丝要落下来的迹象。气候环境的变化也影响了我们对古时诗句和历史记载的判断，长夏未尽，立秋正是暑热最闷之时。

南澳岛离家近，去度个假刚刚好。然而我错了，南澳岛其实并不近，从广州坐动车到潮汕，再从潮汕站打车到汕头汽车站，再坐唯一的一趟公交车进岛，抵达南澳县城，花了整整一天时间，这一趟下来，好好感受了"从前的日色变得慢，车，马，邮件都慢"的生活。然而我就在这夏末秋初的天气里，邂逅了最美的南澳岛。

当然海岛的环境不尽如人意，拉客的面包车，海滩上的垃圾，施工的楼盘，寺庙里无家可归的猫……但来这里的人都是奔着海鲜而来的，从客栈骑摩托车到县城的顺风餐馆，点一个豆瓣汁焖的杂鱼煲和三十块一打的生蚝，我们吃得津津有味，我们就着暮色，诚诚恳恳地，说一句，是一句。第二日又近傍晚，我们租了一部需要挂挡的旧式摩托车，冒着危险从县城开到十多公里外的南澳大桥。空旷无人的岸边矗立着灯塔，道路车子稀少，每次车子熄火，我们都不恼不气，因为正好停下来欣赏一下路边风景。有时候对一场旅行的期待很低，不过是一个安静的地方，一顿鲜美的食物，一片被雨洗刷过的空气，以及一颗很容易满足的心。

盛夏漫长，立秋前后，总会想把某一段时间留在阳朔后院旅舍，或赏窗外一枝竹影一叶清荷，或美术馆里与一幅画对望良久，呷一杯叫"后

广东，汕头 / 日落时分，骑上摩托车去看南澳大桥

广西，阳朔 / 遇龙河，古老的富里桥旁，孩子们在快乐地戏水

院"的咖啡。总之，心有灯处，便有期待，夏末安好。

距离上一次去阳朔已经有半年时间了，那时还穿着厚厚的棉衣，躲在后院旅舍的咖啡厅里取暖，转眼间，酷暑即将过去。后院也经历了一次洪水的洗劫，刚刚整修后焕然一新。这期间，有很多想念后院的咖啡、黑豆腐、浴缸、竹林、河水的日子。这一次，我们决定无论如何都要走一遭，时间却正好碰上了立秋。漫步遇龙河，洪水过后河水变得浑浊，从古老原始的富里桥到质朴乡土的遇龙桥，天气闷热焦躁，整个人在汗水里浸湿，风吹来打一阵寒战。夏日的富里桥热闹多了，孩子们都脱光了往水里跳，浅浅的河水清澈见底，村民们也都出来纳凉，都是热辣又清透的夏日即景，让人无法联想到秋意。阳朔的山水，既能收纳高冷清丽的微蓝，又能兼容艳俗喜庆的深红，让人总有一种归宿感。

"满阶梧桐月明中""一声梧叶一声秋"，在上海，很多有年份的道路上总是种有梧桐树，把同样有年份的小洋楼衬托得更有年代感。法国梧桐高大遮阴，初秋里却是茂盛，叶子一点没有掉落的迹象，叶黄怕还要等一些时候，飘落估计要入冬之后了。古时候人们用落叶来判断秋至，睡意蒙眬之间凉风徐来，有秋叶吹到屋里，台阶上满是落叶，月夜里月光扫落叶，诗人的心便被这样的秋景撩拨得无法入睡。春日赏花，秋日赏月，此时的天气月朗星稀，月色中的梧桐叶飘然落下，是一种凄美的意境。

三十九度的天气，去了安徽查济，纹丝不动的草木，天空湛蓝。跟徽州其他古村落不同，查济更像一座江南古镇，小桥流水人家，流经古村的溪水清澈，孩子们都愿意打赤脚在溪水中行走玩耍。这里有一个奇怪的现象，多半是男人带孩子，常见男人用背带背着孩子在村子行走，溪边也是男人浣洗衣服的身影，这种现象让人在大热天里如同沐浴一股清流。古村的祠堂很多，大多数古朴原始，没有修整一新的痕迹。每天到了特定的时候，村子里的老人就会聚集在此吹拉弹唱，村民们就会搬上凳子来观看，村里的蒲扇此时最能派上用场，人们一边挥扇一边跟着和唱。村子常有学画画的孩子来写生，坐在流淌的溪水旁，描绘着自己心中的桃花源，他们更像一幅美丽的画。也会经过草药铺，坐堂的中医戴着圆框眼镜，看起来严肃又专业，望闻问切，正好开一副散热祛湿的药方，大热天里当茶饮。夏日的时光在指尖缝隙溜走，秋天很快就要来了。

　　北方的秋意会更明显一些，二十四节气的表象在不断地往北移，秋高气爽，描绘的正是此时北方的天气。北京的秋也是满怀心意的，至少

安徽，查济 | 小桥流水边，总会看见男人浣洗衣服的身影

立秋

是应景了，白日里不再像往日那般焦灼，在树荫下能感觉到阵阵凉意，公园里银杏的叶子渐黄，虽然还未黄得透彻，但也有那么一点意思了。每次去北京总会住在东新帘子胡同的老宅院里，那家四合院改造的民宿，留了不少我对北京的回忆，阁楼里的笑声似乎还在，庭院里的红茶却早已凉却。最近一次去那里留宿，住在二楼的套间里，感觉已经大不如前，不知是设施旧了，还是回忆没了，抑或心情换了。喜欢沿着故宫外墙的大路散步，平日里空旷自由，红墙映着细碎的光影，一面墙内外，历史与现实交织。若说北京的秋天，应该有很多往事，但过去的已过去。十多年前第一次来的时候，还是盛夏，跟着学校的社团坐了二十多个小时的硬座抵达，当时觉得长安街真的好宽，故宫的墙真的好高。后来便不

北京 | 红墙内外，有一段属于北平的往事

怎么爱来北京了，每次总是带着任务而来，十分不情愿。不过翻起旧照片，会留恋曾经在这里发生的故事。银杏黄了，会想象北京的秋色，下雪的时候，亦会对北京的冬天浮想联翩，曾几何时，这里是我对一座古都的所有幻想，又曾几何时，对古都的念想都成了一张张有回忆的照片。

对我来说，去厦门就像未出省一样，潮汕的乡村味突然沾染了文艺气息，这就是厦门给我的最初印象。味道其实未变，心情倒是矫情了起来，大概还是撇不掉有情结的缘故，没有谁会无缘无故喜欢上一座城市的吧？这里有暖的阳光和美的心情，在纸的时代，在晓学堂，喧闹的城市总有一个角落，能收容因为忙碌而失散了一天的灵魂。去鼓浪屿的杨桃院子小住，明媚的晨光中醒来，打开窗户，有来往的游客穿行，也

有花草的气息，楼下的猫和狗开始掐架，长廊深处是人影灼灼。在老别墅里，有闹的欢腾，也有静的迷惘，初秋的周末里，守在一个春暖花开的院子里，等一朵花慢慢绽放，等人来喝一杯花茶。夜幕降临，老城有点沧桑，放学的孩子，回家的老人，小巷子里海蛎煎的香味，亮起的灯和悄然安寂的街道，即将睡去的城市，和已经老去的岁月。

　　时间恰逢在七夕和中元节之间，一边是美好的牛郎织女约会，一边是民间传统的中元节祭祀，人们赋予节日的意义，大多跟追思有关。七夕乞巧，女孩们穿针引线制作各种小手艺，希望获得如意郎君的青睐，人间的喜鹊次日也将纷纷前往天庭，为牛郎织女搭桥，夜深人静之时，会听见葡萄架下情人的悄悄话。中元节则多了神秘的色彩，也有地方称为鬼节，鬼门打开，让亲人们相聚，阴阳之间，互相问候和怀念，就像《寻梦环游记》里的墨西哥亡灵节，原来每一个民族对逝去亲人的怀念都是一样的，只是形式不同。夏天即将结束，那个安放灵魂之处，一定如这秋日一般静寂祥和。

立秋

山居岁月

　　处暑中的"处"字，是停止的意思，处暑，就是指"暑气到此为止"。但此时很多地方的暑气未消，真正的秋凉还未到，秋意迈着缓慢的步子，经过每一个凉风骤起的夜晚。天气热起来，堪比盛夏，秋老虎因此而得名。偶尔还有雨水，雨不大，不像夏天有气势，却是绵长，每一滴都沁着凉意，每一次都像跟夏天道别。"星月皎洁，明河在天，四无人声，声在树间。"夜里的空气最清澈，浩瀚无垠的天际，四下里静悄悄，却听见树梢被风吹动，此时更觉天远，烦躁的心便慢慢安静了下来。

　　秋初又回暑的郴州，还是披上了一件薄薄的外套，"空山新雨后，天气晚来秋。"这个时候去乡村或山间采风，最是舒适。五盖山的美出乎我的意料，才来到山腰，便可体验腾云驾雾，山峰连绵看不到尽头。山上有个村子上更村，听说喝那里的山泉水吃那里的岩耳，几乎每户人家里都有双胞胎，大家将信将疑，传说实在太美好，但山居岁月似乎更加诱人。郴州苏仙坳上村，村外是一片原野，稻米还未成熟，马头墙和灰瓦砖占据了远眺的视线。山村呈龙形，保留的古建筑很多，但居住的村民却甚少，多为留守的孩子，父母都去了大城市打工。乡村的景象总是大同小异，坐下来喝一杯茶吃一顿家常饭，感觉有些奢侈。生活在日月更新，

湖南，郴州／坳上村，村外是一片原野，稻米还未成熟

传统被渐渐淡忘，但能在淡淡的日光里享受片刻无人打扰的生活，便是满足的。这里有一种用面粉炸的"花环"，吃起来香脆可口，成了人们来到此处争相品尝的美食，一边掰着"花环"，一边呷着土茶，不枉此行。

　　川西这片美丽的土地，让人向往又心生畏惧，向往的是那里一尘不染的美丽风景，畏惧的是怕打扰虔诚的人们宁静安详的生活。有人说，川西一次走不够，有人说，这就是天堂之路，可是，为什么大家都不留下来？大概是谁也不愿意打破这里的沉静吧。处暑的川西依然炽热，白天太阳毒辣辣的，很容易被晒伤，夜里却要披上棉衣了。成都隔三差五的雨雾天气，去川西的路上多处遇见山石滑坡。在丹巴甲居藏寨逗留，住进了曼陀罗别院，院子在山腰处，费尽力气才把车子开进了大院里。典型的藏族院落沿山而建，院子的主人是一位美丽的丹巴姑娘，独特的地理环境以及拥有不同部落的血脉，造就了丹巴藏族姑娘独特的气质和

四川，丹巴 / 碉楼林立的藏寨，住着朴素可亲的嘉绒藏族同胞

出色的外貌，这是一个盛产美女的神秘领地。作为瘦小的岭南女子，穿上嘉绒藏族服饰，怎么看都像在东施效颦。藏寨的屋子分布较散，像碉堡一样错落在山谷里，住在修葺一新的屋子里，晚上却是与蜘蛛蟑螂同床共枕，惊吓之余也感叹这里生活的原始。夜凉如水，在丹巴度过了一个难以忘怀的秋夜。

酷暑与秋凉，最是这青黄交接的时候，人的情绪不稳定，文人总是被天气影响心情，风吹树梢原本是欢快的，却也听出了悲鸣。所以在古代诗词歌赋里多有这种无病呻吟的作风，不过抒发一下情感能多少缓解一些情绪，而且还能吟成千古名句，也算是佳话。大家就忘却了诗人们当时的矫情，权当是天气带来的各种焦躁，正好适合现在拿来调整心情，让自己慢下来，顺归自然，与天地同生。"处暑无三日，新凉直万金。

白头更世事，青草印禅心。"还是老者更能感悟人生，处暑的烦躁不安不过几日，很快秋天的凉意就会降临，深谙世事的老人劝后辈们，此时更应该拿出一份超然的心态，淡定地应对秋风扫落叶。

去梧州只是一念之间，高铁的便利让广东与广西之间的距离缩短了许多。买了一个新镜头，迫不及待想去试试效果，想到了这座古老的城市。高铁经过肇庆，一直往西开，作为漓江的下游，桂江依然不改它的清秀，在这里汇聚到西江。站在西江堤坝上，看江水东流，因为有了堤坝，长年困扰梧州人的西江洪水缓解了不少。日暮，深蓝的江河上有停靠的渔船，也有带着小狗来江边纳凉的人。

安静怡人的小城，但梧州的美并不只在自然，人们提到梧州，总是会想到这里的骑楼和龟苓膏。骑楼建筑遍布岭南，这种古老的建筑模式一直为人们的生活带来无数便利，春天避雨，夏天遮阳，冬天躲风。骑楼下的生活总是千姿百态，旧时的老门窗内也会透露出生活的本真来，优雅的窗雕下是光着膀子、摇着扇子的老人，精致的门栏窗棂前是穿着睡衣料理自家门前生意的妇人。小巷里会寻见一些破旧的老建筑残留，已经失去功能的门椽还能辨认出旧时的风范，但这样的巷子已经不多。夜幕后在骑楼老街里寻美味，喝正宗的冰泉豆浆解渴，吃生炒螺蛳和酸爽的牛杂串，最后再要一碗梧州龟苓膏，汗水湿了衣襟，但心情却是透彻清凉。

那一年赵雷的《成都》一夜爆红，大街小巷纷纷传唱这首脍炙人口的民谣，人们唱这首歌，不仅仅是因为它婉转优美的

广西，梧州 / 安静的老巷子里，有猫守着这里的日与夜

旋律，更多的是来自歌词表达的一座城市的悠游自在，又带了一点淡淡的忧伤。在玉林路的小酒馆喝过一碗酒后，突然秋风飒飒，想起了多年前发生在这座城市的爱恋，一丝不舍一声无奈，在这座常常阴雨的小城里，故事不断上演，人物不断变换。

继春天来人民公园鹤鸣茶室喝过一杯菊花茶后，在处暑过后又来这里采耳，一声哐当敲碎了所有心事。那天倾盆大雨，打牌的人都来不及躲避，雨把所有计划都打乱了，还好一碗暖暖的蹄花缓和了如麻的情绪。每次到成都都会去宽窄巷子走走，他们说这里是游客集中地，我不以为然，我喜欢走在这里的感觉，时闻各种小吃的吆喝，屋子里传来川剧的

四川，成都/宽窄巷子里，坐在门口聊天的人们

唱调，也可以捧着一碗担担面一边走一边吃。成都人对茶馆的热爱就像上海人爱咖啡馆，但茶馆里多了几分接地气的烟火味，让人觉得心里踏实。地处盆地的成都夏季闷热，秋老虎更是来得猛烈一些，入秋时分看见打着扇子穿着背心在巷子里聊天的老人一点不奇怪，还有穿着开裆裤的小孩儿在地上爬来爬去。挥汗如雨，湿透衣襟，却觉得这样的日子也万般美好。成都的初秋，透着点懒散的劲儿。

从成都去色达，路途遥远，开车翻山越岭，遇见了雪山和草原，这时候的川西，已经略显萧条，但高原的天空总是晴朗，不似成都那般阴雨绵绵，人的心情也舒展了一些。去色达的路实在不好走，而且附近都没有特别好的住宿，在路上找了几家，都已经满客，最后只好落脚离佛学院有好一段距离的翁达自驾营地。去佛学院必须在山下等公车，每天排队前往的人很多，

每一趟车都挤得喘不过气来。后来我们等不及公车，在山脚下坐上了一部摩托车，在沙尘滚滚的道路上折腾了半个小时，溅了一身泥土。为了抵达这一传说中的佛学圣地，我们都虔诚地费了不少心力。那一次我竟然意外地有了高山反应，在佛学院里面对层次交错的暗红色房子，一阵被掏空了的眩晕，为了拍摄夜晚山上灯火通明的壮观景色，一直坚持下来。山上的风是透骨的凉，经过僧侣们入住的小阁楼，他们的生活简单又简陋，每天不过几点一线的重复，但几乎每个人的神情都淡然而笃定，信仰写在他们的脸上，路灯下的影子都显得桀骜而自足。在他们的心里，大概也没有文人骚客那般悲秋的心思吧，对于他们来说，一场秋雨一场寒，该来的总会来，该去的也总会去。

四川，色达 / 佛学院的夜，几个僧人走在昏暗的路灯下

繁华褪尽

白露是秋天的第三个节气，气温突然降了，寒风骤起，草叶上的水汽遇冷凝结成露珠，天气开始转凉。"月是故乡明"，秋风吹散了雾霾，月色明朗起来，此时对着月亮，想起的是故乡的人和事。"鸿雁来，元鸟归"，候鸟开始迁徙，天气逐渐凉爽，然而仲秋季节，中国大地有很多地方气候仍如春季，花木盛开，麦浪依依。这一年中最可人的季节，当属这天高云淡，乍凉还热的"露凝而白"的时节吧。

深秋的大草原，茫茫中等不到过往的车子经过，我们的车子行驶在草海中，犹如一片孤舟，草原上的青草早已经枯黄，被扎成了草垛子，高高地堆放在原本平坦的草地上，连拖拉机都做好了休息的状态。羊群也很少见了，倒是常常会看见懒惰的奶牛趴在一望无际的国道上，阻碍了车子的去路，直到司机下车来把它赶走，然后车子再继续行驶在无人的笔直马路上，消失在天际。路上的风景也是寂静的，在301国道上，车子沿着额尔古纳河行走，沿着边界线驶向草原深处。

经过一片芦苇荡，深秋的芦苇荡里晃着明艳艳的阳光，而静静候在湿地旁边等待的退休老人李大爷，却稳如泰山地坐等着自己的收成。他说现在退休了没事干，每天来捕鱼，一天能捕上十多斤，回去分给亲戚们皆大欢喜，等天气再冷一些，便出不来了。沿途经过根河湿地，在老李的印象中，根河市是呼伦贝尔大草原里最寒冷的一个城市，但是此次旅行，我们遇到的最寒冷的地方却是在去往莫尔格勒河的路上。风吹着"敖包"，也吹着蒙古包上竖起的旌旗，弯曲的莫尔格勒河仍然闪着钻石一样的深蓝，只是这蓝色恍如要被寒风吹得瞬间凝固一般，闪着光芒。

从芒康出发，经过左贡留宿，再从左贡出发，经过七十二拐，越过怒江大峡谷，终于抵达传说中的然乌小镇。这是我们川藏之路的一个小站，然乌是一座小镇，更确切地说，然乌是因为风景优美而专门为走川藏线的驴友们搭建的一个驿站。小镇海拔将近四千米，抵达当天比较早，

内蒙古，呼伦贝尔 | 额尔古纳河旁，萧瑟的芦苇荡丛中垂钓的人

酒店停电了，驱车前往附近的然乌湖观景台稍留片刻，傍晚的光线并不好，没有拍到然乌湖最美的一面。这里是不食人间烟火的高原梦境，然乌湖最美时节当属深秋。夏末初秋更替的时候，湖水昏黄，来古村似乎已经开始秋意渐浓，天高云淡。第二天大家决定去米古冰川，虽然最后因为各种原因未曾接近冰川，但也远远望了一眼。这里的住宿条件不是特别好，几乎没有热水洗澡，天气寒冷，偶尔会下雨，所以保暖特别重要。傍晚的时候，客栈附近的老百姓在举行联欢会，他们称为林卡，会持续好几天。我们去的时候正好在举行力量比赛，就是看谁能把沙包抱起来走得更远，比赛规则简单，更像是平时的娱乐玩耍，但是围观的人看得非常快乐，其实幸福的生活也就这么简单。

下过雨的台北秋意渐起，趁雨过天晴去了淡水。那晚在小雨纷飞的

西藏，然乌 / 夏末初秋更替的时候，来古村似乎已经开始秋意渐浓，天高云淡

阳明山，与几位朋友小坐，有位姑娘正是淡江中学毕业，说起母校的事情，她的眼神是闪亮的，想挑起大家对这个神秘学校的好奇，又担心自己描述得不够出神入化。阳明山是空山新雨后，却有落叶沙沙响，在座的人不免都屏住了呼吸。早上睡到十点多才出发去淡水，从酒店的捷运站"剑南路"再转线到淡水，大概不到一个小时的车程，这个离开了台北喧嚣的小镇便呈现眼前。秋季

台北的雨是说来就来，几乎每天下午都会翩然而至。在还未到老街的阿给（豆腐角包粉丝）店坐了下来吃早午餐，店里只有我一个人，跟年轻的女老板点了微辣的阿给和鱼丸汤，沿路去老街，又喝了黑糖奶茶，吃了鲜奶麻薯。这里有美食，有老街，有古建筑，有教堂，有周杰伦的母校，有渔人码头，有大海……雨过天晴的淡江中学，校园外的街道湿漉漉一片清新。周杰伦的母校里仍然有很多不能说的秘密，忽又想起前晚在夜深人静的阳明山，那位讲述在淡江中学读书时遇到的各种灵异的朋友，忽然觉得她长得很像桂纶镁。

　　中秋前夕去建水，这座小城让人眼前一亮，淳朴古老的街道仅游客稀少这一点就已经先声夺人，我喜欢这样未被太多商业侵蚀的地方，这是一座人们自在生活的城镇，至少保留了原本的生活痕迹。朱家花园对门的一锅草芽米线，团山村一碗冰凉甜蜜的木瓜水，翰林街边的一碟烤豆腐……仅仅这些便勾住了我的心，让我开始对建水一点点依赖起来。去团山村的路上经过双龙桥，建水人叫它"十七孔桥"。这是一座有点寂寥但又美得不可方物的桥，也是一座让人惊艳的桥。倒影和秋日的蓝天让古桥显得古老又充满力量，再加上一年四季开得旺盛的三角梅的陪衬，让我对这座桥的印象更加丰满，每次到来都忍不住拍下无数照片。

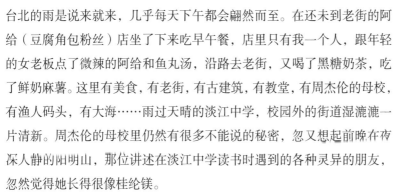

台湾，淡水／雨过天晴，从淡江中学走到真理大学，雨后草木香

白露

99

在建水，很多这样的古桥散落在乡村里，有些破败了，有些倒塌了，有些依然坚挺着。每每夜深人静，看到纪录片频道里播放着建水的美食节目，思绪便很快飞回记忆之中。夜幕降临的朝阳楼，行人挑担的脚步声消失在桂林街，四合院里做鸡毛掸子的人家，天台上绚烂的夕阳，让人念念不忘的老家建水。

趁着假期，辗转千里去了一个叫诺邓的小村子，村子隐藏在深山中，基本还保持着原始的状态，《舌尖上的中国》让诺邓火腿一夜之间风靡全国。诺邓火腿之所以别具风味，是得益于"大自然的馈赠"。在诺邓，温润的气候最适合对火腿进行发酵，村子里的人们大多以玉米、大豆等食物喂猪，产出的猪膘肉不仅肉质细，而且油脂薄、瘦肉多，口感丰富。诺邓火腿之所以好吃，还因为腌制火腿的盐巴，盐是腌制诺邓火腿的关键，诺邓盐是从村里的一口千年盐井里提炼的，口味清淡，熬出来的盐巴含钾，不含碘，用千年盐井产的盐腌火腿，口味会很鲜美，不会发苦。

在诺邓小住的一晚，夜晚非常安静，在天井抬头能望见点点星光，沉沉入睡到第二天天亮。坐上三轮车奔赴太极八卦村和天池，站在高处眺望八卦村，很多人以为山坳处便是诺邓，其实这是一个与诺邓毗邻的村子。我们的车了返回云龙县城，大街上人影绰绰，原来在客运站对面便是一个小集市，牲畜满地走，然后便瞧见卖诺邓火腿的生意人。呈黑色的火腿散落在地上，很难想象那就是这几日盘中的美食。在诺邓的一天一夜，恍若历经了四季，又恍若经历了一个梦境，于是在心里盘算，何时再故地重游。

天气终于凉下来，不管走在街上，还是临窗读书，总有丝丝凉意。从厦门出发越过一座山，是一片世外桃源，在这里有"白露必吃龙眼"的传统习俗，据说这个时节吃龙眼，等同于吃一只鸡，非常补身体。在东北，老百姓们已经穿上棉衣，抵挡凉风，夜里也盖上了棉被。广州似乎还处在酷暑中，闷热难当，偶尔天亮一阵暴雨，把整座城泡在水里，只是雨后的清凉越来越有入秋的意思。徘徊不去的热，安静地退到时光暗处，一切喧嚣已平息。张爱玲说人生有三恨，一恨海棠无香，二恨鲫鱼多刺，三恨红楼梦未完。而我却恨菊花，独立寒秋，摇曳风中，把冬的寒意招来，它却在风中肆意地笑。"人比黄花瘦"，多情善感的人又到了浓愁化不开的时节。

云南，大理 / 去往诺邓和天池的路上

白露

帘卷西风

　　在古代，秋天跟月亮脱不了干系，传统的祭月节要进行隆重的仪式，月上中天，皇家的拜祭与红尘烟火隔着距离，那是皇帝一个人的狂欢吧。玩月更是美妙，妇人儿童晚不归，结队而游，此时正是寻觅如意郎君的最佳日子。皓月当空，家人团圆，花好月圆，"但愿人长久，千里共婵娟"，对家人朋友健康的祝福，应该是最美好的吧。然而秋分的月，却是孤单而落寞的，此时落花也勾勒出了淡淡的愁意。古语说，秋分来临，阴气开始浓重，天空便不再行雷。转眼夏去秋来，昆明的天仍然不时有惊雷，半夜下过小雨之后，明媚秋日里，满大街繁花盛放，仿佛这节气始终跟这座城市没有太大关系。广州的公园里却还是暑热阵阵，冷空气要南下，说了许久也不见踪影，走得可真慢啊。闷热过后突然就下了一整夜的雨，敲打着窗台，惊扰了远行的梦……

　　在厦门的南普陀寺前，夏天的荷花已经开尽，池边的翠鸟停留在残荷的枝干上，静待着一顿丰富的午餐。而在湖南通道县，河岸边正盛开着红色彼岸花，彼岸花在秋天开花，花开叶落，花叶两不相见。在云南建水，三角梅四处可见，秋天的石榴酸酸甜甜，红扑扑又像姑娘羞涩的脸，一粒粒掰下来送进口中，一股股酸甜在舌尖蹦出，空气里飘的都是爱情的味道。我们总能在身边的一事一物里，察觉到季节的变换。

云南，建水 / 秋天正是石榴成熟的季节，酸酸甜甜，颇为诱人

回到北方，夜幕下的哈尔滨灯光迷离，时间老去，物换星移，庆幸的是抬头仍能看见亲切的笑脸和熟悉的身影。此时的呼伦贝尔大草原早已经荒芜，在大多数人的眼中，这个时候去大草原，只能看到满眼的荒草和凋落的桦树林了，但我们仍然抱有一丝幻想，也许，美丽的大草原会给我一个不一样的答案。寒冷的大气里错过了很多停车暂借问的美好瞬间，但是，这是一次不可多得的体验：那种只有敲门才能找到食物的窘迫，四处打听哪里能收到电视信号看《中国好声音》决赛的尴尬……路上行人渐少，似乎每天只有我们自己谈话的声音，寂静与荒辽，这是一个未被很多人发觉的不一样的呼伦贝尔。

秋分，秋天已过半，此时去呼伦贝尔，一切都已经萧条，恩和的旅馆都关了门，找到孙金花家，晚上只能自己生壁炉烤火取暖。炉火忽明忽灭，冷了一个晚上，第二天的阳光照在了花绿的被子上。深秋确实不是去大草原的好时机，那会儿各处飞去海拉尔的航班都是坐不满的，火车票也不难买。想起六年前的夏季四处托人找火车票的光景，便知这个时候草原人家都开始忙着储藏大白菜过冬，家家户户都做好了迎接漫长

秋分

103

严冬的准备。在海拉尔的菜市场里，骡子拉着整车的南瓜马铃薯大白菜，占据了整条马路的空隙。在海拉尔酒店附近一家逼仄的影院里，看了漫长的三个小时的《黄金时代》，印象中整部电影都是寒冷的，而电影散场之后寂静无人的街上，风吹过颈项，裹紧大衣去吃羊肉串，竟然也有一种背井离乡的悲壮。

车子在无人的草原上行驶，偶尔会遇见运载着草垛的大卡车驶过，奶牛趴在柏油路中央休息，路边的敖包也已经空荡荡的，旌旗在寂寥的蓝天中飘荡。莫尔道嘎的小村庄依然美丽，金黄的一片。在额尔古纳大街上找了一家宾馆，看《中国好声音》的决赛，那一年，是一个叫张碧晨的姑娘拿了冠军。大兴安岭漫山遍野都是凋落的黄色，是要进入严冬之前的那种枯黄，而从额尔古纳去恩和的路上，曾经让我惊艳的白桦林也已经掉光了叶子，白白的树干直耸云天，树影婆娑中透出一股凄美的气势来。

"中秋谁与共孤光，把盏凄然北望"，此时纵然是思念故乡和亲人的时节，山水相隔，唯有明

内蒙古，额尔古纳市 / 秋分时节的白桦树开始落叶，洁白的枝干深入空中

104

月寄相思，哪怕相隔万里，共赏一轮明月，也算一往情深了。那年去往内蒙古临江屯的路上，金黄的草垛一堆堆，风也没有了方向，一望无际的荒寥，但日暮时分却有明月挂在空旷的草原上空，一种身在他乡的奔波感顿然消失，涌上心头的是面对过往和故人的惆怅思绪。一叶知秋凉，一岁又逢秋，云卷云舒，去留无意，也许，我们，相忘于江湖，也很好。

挑了一个风和日丽的日子去婺源，人们都说春天的徽州如画如诗，我却觉得秋日的徽州应该有另外一番风情。然而，火车还未到站，雨便下了起来，水珠顺着车窗往下流，窗外的山景逐渐模糊。天凉好个秋，这秋雨一浇灌，凉意袭人。在婺源车站下车，雨终于小了一些，坐车去一个叫思口镇的地方，住进了延村"归去来兮"乡居。

几年前来婺源，在村落里逗留了一个清晨便离开，归去来兮，说的便是这种来去匆匆。这次在古村住了下来，大多数人会去更热门的村落，延村便显出它的冷清来。但冷清自有冷清的好处，古村落呈现一派悠闲自在。趁天色未晚，走在村子的巷道上，池塘里有鸭子戏水啄食，荷花早已经凋零，枯叶铺在被鸭子啄得浑浊的水面上，一片冷清。村子很小，几座老屋改造的客栈，几栋有点没落却还能看出昔日辉煌的庭院。撑着伞走在石头路上，偶有村民路过，或有几个带着相机如我一般来寻古的游客，最后因雨越下越大，只好折返客栈中避雨。徽派的老宅院里只住了零

江西，婺源／延村的日暮，残荷下有鸭子在啄食

105

江苏，锦溪 / 坐在河岸边品一壶春茶，秋日的桂香远远飘来

星几个客人，我的房间在一楼靠近楼梯的小厢房，走出房间便是房子原来的客厅，正中摆放着台儿，台儿上摆放着盆栽，一幅山水图挂在中间。管家给我做了简单的晚饭。一个人坐在窗前吃饭，雨打着窗外的芭蕉，屋子里放着似有似无的音乐，就这样吃了将近一个小时。

夜晚没有电视，雨过后山村静寂，听得见虫鸣。在暗黄的灯下看书，遥想古人的生活。这一场秋雨过后，怕是雨不会多了，秋天的颜色从北到南一路铺过来，终于在江南也能感受到浓浓的秋意了。菊黄蟹肥，丹桂飘香，商店里到处都在售卖阳澄湖大闸蟹，不知在阳澄湖里泡过澡的蟹们对自己的身世是否会有点迷惑不解？我在苏州的平江路跟朋友点了两只清蒸的蟹吃，蟹多吃必定对肠胃有影响，但每人一只的不满足却是刚刚好的，一口小酒一口回味。李渔说蟹"鲜而肥，甘而腻，白似玉而黄似金"，虽然吃蟹的样子有点狼狈，但动手剥的快感却是有的。虽困于一间餐室，却浮想着在院子里与友人·起分蟹品酒，划拳吟诗，这大概就是秋天吃蟹最动人之处吧。

从苏州到锦溪，只是逗留半日，锦溪水系发达，所到之处皆有小桥，据说南宋宋孝宗的宠妃死后便在此水葬，可见定山湖畔这座古老小镇的魅力。但古镇也不免落入商业的俗套，到处都是贩卖旅游商品的店铺，古桥也是修葺一新。沿着河畔散步，大多茶铺沿河而设，都用青花瓷的茶壶茶杯套装，看起来古朴又文艺。茶香飘逸在河岸，我静静看着来往的行人和船只，闻着远处飘来的桂花香。

重阳节，时光易逝人易老，赏菊登高成了九月初九雷打不动的日程。其实说到底，就是去赏秋，此时正是秋色最美的时候。南方人对秋的概念也很模糊，特别是岭南人，秋天跟夏天的区别，大概只在月高的晚上秋风几许，能感悟到一点秋意，大多时候都还在燥热的天气里度夏。但一到了重阳，广州人也会去爬白云山，登高望远，感叹"独在异乡为异客"。

去到厦门，海岛的气候比岭南更燥热三分，但夜晚却要穿秋衣了。我总是喜欢厦门老城安静小巷里的生活百态，去第八市场看早晚的交易，去各种用闽南老话命名的巷子里寻找突如其来的破旧的老建筑门楼，夜晚听卖海蛎煎和花生汤的大排档的叫卖声，坐在简易的桌凳上吃一碗鲜美的鱼丸汤。坐船去鼓浪屿，在内厝沃停留，走五分钟的路程，便是福州大学厦门工艺美术学院的老校区。如今的校园已是人去楼空，杂草丛生的操场，废弃的教学楼和宿舍楼里有旧时光的年代味道，枝丫伸展的老榕树到处可见，周围也散落着学校师生曾经的雕塑作品。站在鲁迅雕塑前，周围是满眼的青葱的绿，这是一座没有秋天的岛屿，而在这海边的学校，钢琴声拂过海面传到耳边，脑海里呈现出

福建，厦门 / 在废弃的雕塑前，念想着它的前世今生

107

校园里春天的模样。听说这里要改造成文创园区，不知再过些年，这里是不是另外一种生机勃勃？

"归帆宜早挂，莫待雪纷纷"，意思是说秋分时节便要做好归家的打算了，不然再过些时日，恐怕风雪就要来临，想回家都回不去。诗人一定是北方人吧，在南方，秋分正好，是一年中最清爽的日子，衣衫也还没开始厚重，夜晚盖一床被子舒适得能一觉到天亮。不过未雨绸缪是古人对时节的敬畏，做什么都要早打算。秋分的月虽然明朗但也不免落寞，带着愁绪在异乡，还不如早点收拾行囊，早早归家，故乡的人也都期盼离家的人能早早回来。再辉煌的岁月都抵不过一家人的团聚，月下独酌，终抵不过月下共饮更能让人感受岁月的温暖。

江西，婺源／徽州的村落里秋意并不明显，雨后夹着一阵凉意

云南，建水 / 三角梅盛放的秋季，去团山村，路过双龙桥

秋
分

暮然回首

　　紫葛蔓黄花，娟娟寒露中，站在栏杆处远眺，都是秋风习习。夜晚开始冰凉，薄薄的棉被从箱子里翻出，风扇收了起来，开始整理夏的衣裳了。广州台风过境，阳台的三角梅于风中摇曳，即将凋零，遥远的滇南建水，此时也应凄凄袅袅一片秋意了吧。这"水风轻、革花渐老，月露冷、梧叶飘黄"的季节里，故人已远去，何处是潇湘，只有端一盘大闸蟹，饮一杯陈年黄酒，大快朵颐之后叹一句：烟水茫茫两不忘。

　　寒露与白露的差异在一个"寒"字，此时已不再只是凉爽了，风吹在脸上，感到阵阵寒意，裹紧衣服，听一首老歌叫《爱在深秋》，"如果命里早注定分手……以后让我倚在深秋，回忆逝去的爱在心头……"粤语歌曲总是写得有点直白坦率，但是这悲秋的情绪倒是表达得很充分。秋天的气候适合别离，再加上寒意愈重，那些远逝的老歌和唱歌的人，都纷纷走入人生的秋季。很多年前，王家卫在香港铜锣湾的金雀餐厅拍了《花样年华》和《2046》，那一年秋天，我们在金雀餐厅，坐在张曼玉和梁朝伟坐过的位子上，点了2046套餐。几年后也是深秋，再去餐厅，结果餐厅关门装修，门口贴了告示"未能与您走到二零四六，荣幸与您度过花样年华"，像是在描述自己。

深秋最深刻的记忆便是秋雨了，"一场秋雨一场寒"，从延村出发去晓起村，突然就下起了滂沱大雨来，被雨困在小亭子里，哪也去不了，只好坐下来等待，不时地看外面的天色。迎着窗子放眼望去，却是一片荷塘，叶子还是绿的，寻了好一会儿，才看到一朵开了的荷花立在枝头，在大雨中摇曳着，此时还能遇见荷花是一件幸运的事情，但恐怕这一场雨之后，最后一朵花也将凋谢，剩下残荷与枯枝。

深秋的云南似乎只能在乡间找到秋的影子。去元阳，这个时候并不是观赏哈尼梯田的最佳时节，金黄的稻穗已经收割完毕，梯田尚未灌水。

多依树村迎来了一年中降水最多的季节，露珠儿都结在了栅栏的蜘蛛网上。秋雨迷蒙，村子里道路泥泞，空气阴湿，早熟的秋梨，还没来得及被采摘，就已经急忙化作泥土了。老

江西，婺源 / 被一场秋雨困在小亭子里，还好有摇曳的残荷相伴

寒露

111

虎嘴村的稻田已经收割得差不多，天气多变，风雨过后遇见彩虹。听说，见到彩虹是一件幸运的事情。

逃离了多雨潮湿的元阳，去了有很多故事的蒙自。蒙自的米线吃多了也会腻，但此时正是"菊有黄华"，在过桥米线上撒几片菊花花瓣，一碗吃腻了的米线便又逢生机，虽味道没有太大改变，但至少是应时而食，吃的人心里多了些许宽慰，便原谅了味道的不足。碧色寨是当年滇越铁路的一个小站，米轨（轨道为一米的窄轨）在这里已经演绎成了旅游项目，但深秋的此处一点都不热闹，怀旧的车站仿佛从电影中出来，车站的候车凳子上便能想象出《芳华》里历尽沧桑后的刘峰与何小萍的身影。村子里的孩子刚刚放学，这里日照强烈，中秋过后依然烈日当头，这些穿着薄衣奔跑玩耍的孩子，等到了日暮，都会被大人们嘱咐要添衣。秋日的夜晚早睡是一件幸福的事情，但是在《黄帝内经》里，古人们是劝大家此时不但要早睡，还要同鸡一起醒的，鸡叫三更，天都未亮，起来做什么呢？唯有写一点悲秋的诗句了。

云南，蒙自｜碧色寨的午后，放学的孩子们在玩耍奔跑

广州的天气也渐渐凉了起来，在这座大都市里，基本是感受不到秋冬交接的，哪一天突然大家意识到要穿外套了，忽然发现昨天还穿着短袖短裤。去番禺的草河村吃一顿泰国菜，台风过境后的珠三角仍然是每天雷雨不停，但是这并未阻挡爱吃的广州人出来觅食的热情。餐厅隐藏在林间池塘畔，夜幕降临的时候，雨声点点，岸边唱起了情歌。"我这里天就要黑了，那里呢？我这里天气凉凉的，那里呢？"是呢，秋风起了，随着雨点，岭南也要入秋了。一年里，大概就这几天过得最舒适，晚上不用开空调，打开了窗，似乎蚊子也少了，刚刚好的温度，盖一床单被，半夜里也不会被惊雷或急雨吵醒。

浙江，杭州 / 去龙井村散步，秋雨迷蒙的茶园，远山寂寂

　　去杭州之前，先去了趟绍兴，大禹开元。这里就像一座与世隔绝的
江南村落，十月的天气微凉，柿子都熟透了，书屋里放的是石进的《夜
的钢琴曲》，喝的是主人沏的正山小种，看的是杉本博司的《直到长出
青苔》。每次去杭州总会寻很多理由，每一个理由都很充分，所以每年
都会有好几次逗留杭州的机会，大概这里的风景总是能让人想到诗意，
虽然我也曾在午夜的断桥旁因为打不到车而默默发誓再也不来。新雨后，
桂花香，循着这香味，去了趟龙井村，本想去参观一下茶博物馆，碰巧
周一休息，在茶园里，被雨雾浇灌的茶叶更加绿油油的，远处山峰连绵，

113

福建，厦门／华美空间的旧物仓，秋日的阳光照进窗口

秋雨停歇，像初春般的潮湿和丰润。想起祭祖节在江南的盛行，这样的烟雨蒙蒙里，跟清明确实有点相仿。此时去江南赏桂花或菊花都正是时候，夏天的荷花刚刚落下，江南的园子里有了另一番景象，细碎的桂花花瓣撒落在屋檐上。在同里古镇的退思园，这座隐藏在富甲一方的古镇里的小园林，精致可爱，寒露降临，桂花散落，园里的阿姨已经开始做桂花酱了，一杯杯桂花茶的清香，似乎已经飘散开来。

"空庭得秋长漫漫，寒露入幕愁衣单"，诗人感叹秋天太漫长，实则是对世事薄凉的无奈，坚强的外表下是一颗脆弱的心。以"不世出之杰，而蒙天下之垢"，王安石也想在梦境中为自己压抑的心找到一个出口。人常有迷惘困惑的时候，在秋天更甚，秋风乍起的时候难免生出不少愁思来，这个时候能找到宣泄的出口最好，不管是如诗人一般在梦中与朋友冰释前嫌，还是寻一个清风明朗的日子，去附近的一座小城散心。厦门是我常去的地方，常规的景点经常人满为患，在躲到湖里的华美创意空间寻到了一些惊喜。海岛的秋天总是推迟好久，所以这里的人从来不会感叹秋天的漫长，也没有太多悲秋的情绪，阳光灿烂的日子那么多，哪里还有心思去伤感呢？创意园里有很多设计精湛的咖啡馆和画廊，但我对旧物仓总是情有独钟。据说主人是一个旧物狂，四处搜寻过去的老东西，这点与我极为相像，可惜我没有这样的地方私藏自己的旧物，唯有把心中的怀旧藏匿在字里行间。阳光在仓库的窗帘上跳舞，坐在一隅，静静地感受着日渐凉爽的午后清风，心里的烦闷也逐渐散去，只留下对好日子的期待。

又回到了江南的太湖畔，此时的大闸蟹已经到了最肥嫩的时候，盼星星盼月亮，就等这蟹黄时节，好好犒劳一下自己的胃了。在苏州吴江，采自太湖边上的菱角鲜嫩鲜嫩的，这是江南"水八仙"中难得的极品，划着船儿采红菱的画面顿时跃然脑海。在南方，这种秋后成熟的果实常常被煮熟晒干用来供奉月亮，仲秋刚过，正是吃菱角的时候了，小时候的记忆满满的。我喜欢晚秋的平江路，为一条路倾心而爱上苏州这座城市，大概只有巨蟹座的人才会这么执拗。也许我们心里都有一个开店的梦想，在一条气息与自己气质相符合的道路，有一个与陌生人交流的空间，它有点不食人间烟火，却又没有藏匿于山水之间，它处在闹市里，又能把市井之气收敛，听得见古人的嘤嘤吟唱，又有现代的欢声笑语。那一日在平江路排队买新出炉的手撕面包，转眼间，日暮降临，小桥流水处，船家渐行渐远。

深秋的时候总是忍不住做一场远足的梦，梦里尽是雨露和寂寥的天空。梦醒的时候收拾行李又重新上路，踏秋正当时，何处是潇湘。离人总是悲秋寂，这风花雪月的佳期怕只有举杯邀月影，望着暮色苍茫的天空，道一声珍重后再见，而再见，也是遥遥无期吧。

江苏，苏州 / 平江路的日暮，船家迎着晚霞渐行渐远

十面埋伏

"自古逢秋悲寂寥，我言秋日胜春朝"，能在如此寂寥的日子里感叹日日美好的诗句实在不多，自古以来天气总是会影响人的心情，只有乐观的人对生活有更多的热忱。霜降杀百草，繁花都已经落尽，秋词里的悲悲切切很快也会被严冬覆盖——这是秋天的收梢。此时是赏红叶的最佳期，江南渐红，江北早已经是漫山遍野。山中四季，秋色最好点染，褪尽了繁华与烈焰，留下动人风骨。昨天还是炎炎夏日执扇消暑，此时却到了残秋落叶纷纷，时间过得太快了，在指缝中溜走，在叹息中沉淀，只有过好每一个日子，才对得起四季轮换的匆匆。

霜降是秋天最后一个节气，暗含天气渐冷、初霜出现的意思，也意味着初冬的开始。"九月中，气肃而凝，露结为霜矣"，草木黄落的云贵高原，早已经感受到了冬的苍凉。只是在南方，秋天似乎才刚刚开始，走在街上，暑气明显消退了，但爱时尚的年轻人也还穿着短裙短裤，一点没有要入秋的准备。道路两旁的紫荆花都还开着呢，人行天桥上的三角梅还没有凋零的趋势，一切都欣欣向荣。去贵州威宁花了整整一天的时间，除了水运，几乎所有交通工具都用上了。夜深，时针指向十点的时候，广播说草海站到了，寒风阵阵。终于来到这片传说中被誉为贵州屋脊的神奇土地。晨曦中的草海在一片雾气中渐渐清晰，阴冷的寒风穿过草丛吹进薄衣里，不知不觉手已经冻得有点僵硬。小木船泛舟草海之上，鸟儿们在水面上起飞、降落。赤麻鸭从水面展开翅膀带着肥胖的身体起飞，翅膀在晨曦的雾气中闪着光芒，深深浅浅的滩涂中不时闪现鸟儿觅食的踪影。

　　黄昏中的草海显得更加静谧，高原灿烂的阳光渐渐西下，把草海染成金黄色。坐在小木船上慢慢靠近海之心，周围的村庄生起如烟般的薄雾，草海宛如人间仙境，成群的飞鸟由远而近降落在草地上。太阳终于

贵州，威宁 / 寒风萧瑟的草海，有赤麻鸭在扑翅，炊烟袅袅升起

沉下去了，湖面一片金黄，捕鱼的草海人民在日落斜晖中收网归家，于晚霞中撑起一片孤舟。湖上的草迎着微风轻轻荡漾，夜色悄悄降临。"落霞与孤鹜齐飞，秋水共长天一色"，终于体会到这种意境之美。

从霜降的云贵高原回到南方，去香港过周末。数不清第几次经过庙街了，有几次甚至就住在庙街附近的酒店里。不知道为什么，讲起庙街就想起一直以来半红不红的李克勤，可能那部电视剧太深入人心了。《庙街·妈·兄弟》，那是一段跟无线翡翠台一起成长的岁月。小时候就是听着李克勤的歌长大的，他那些通俗易懂的歌词和调子深入人心，现在听起来仍然倍感亲切。在香港电影里，庙街是黑社会经常出没的地方，但是现实中的庙街却是最能感受香港风情的地方。这里热闹，灯火通明，各种小贩聚集，所有陌生又熟悉的面孔一一在此展现，如一出精彩的戏剧即将上演。庙街也是香港最"江湖"的地方，就好像电影里经常听见老大跟小弟们说，当年我从庙街一直打到尖沙咀再到铜锣湾，才有今天的地位。庙街也是香港最平民的地方，这里虽然人员混杂，但却是安全的，

香港，庙街 | 这里有香港人最钟情的大排档，啤酒加煲仔饭，夜凉如水

或许很多人看不起这个小地方，觉得这里卖的东西不上档次，但是我却很喜欢在这里闲逛，或者不买东西，只是用鼻子嗅一下那满街满巷的市井味道，就很满足。

凉风阵阵的夜里，在庙街找一间大排档坐下，叫几个菜喝几杯啤酒，点一个腊鸭煲仔饭，看着行人来来往往，霓虹的灯光闪耀，人生的欢乐也不过如此。二十四节气传递的是自然变化的奇妙，但人世间那些因时节变化而累计起来的生活万象，也让人无限唏嘘和感叹。

"姑苏城外寒山寺，夜半钟声到客船"，张继的《枫桥夜泊》似乎是对霜降节气最形象的描写。夜晚，乌鸦啼叫，

江上渔火点点，寺庙里传来钟声，寂静的夜里，这样悲凉的景象让人无法入眠。寒山寺的钟声千百年来牵动着无数人的心弦，它把晚秋衬托得如此悲壮。然而在同样寺庙众多的泉州，似乎秋天的到来和逝去并没有给这里的人们带来太多情绪上的变化。毕竟在沿海生

福建，泉州 / 塘东村竖立的飞檐里，总是藏着无数故事

活，只要没有人风大浪来袭，人们便会感激上天的保佑少了一些诗意的浸染，人间烟火让这座古老的城市充满人情味。第一次听南音是在泉州的文庙，从小孩到老叟，都是来自周围的百姓。这种古老的音乐，节奏感强烈而旋律低沉，曲高和寡，能听懂或愿意听的人已经不多了。

在泉州晋江的海边，有一个小村落叫塘东，泉州的朋友介绍我们过来采访。但这里却不是一个能让人一见钟情的地方，很多古老建筑被村子里新建的楼房掩盖，没有人带路，很容易就半途而废，寻不到半点趣味来。村子里大多数人姓蔡，所以蔡家庙建得特别有气势，这屋檐据说曾经有九十度的弧度。在塘东这座靠海的小乡村里，曾走出过无数后来旅居海外的华侨，这里现存的番仔楼也很多，西洋建筑特色非常明显，走廊里漏下的光线都写着乡音乡愁。塘东自古以来出商人和文人，据说

台湾，台南／住在台南，每天穿行于巷陌和寺庙之间，午后的孔庙有光影绰绰

还因为某商人一句"家乡在塘东"而免去了村子被炮击的灾难。也许，乡愁就是一种与生俱来想要去维护的情感，长大了，离开了，回来了，仍然散不去的心结。那一日，烈日灼灼，北方已经霜落无声。

秋叶更胜春花，一直觉得，秋天是旅行的最佳时机，天时地利人和，不管怎样，都要趁这个时间看万山红遍，看层林尽染，也看神州万千变幻。一直想再去一趟台湾，不要环岛游，不要走遍宝岛，就找一座满意的城市住下来，慢慢消耗掉半个月的光阴，于是，我选择了台南。霜降前后的台南，天气凉爽。在这个有人记挂的日子里，在这座充满人情味的小城，悠然又滋润地过着每一天，好像从来没有过去，也不担心未来，而我对这座陌生的城市又再熟悉不过，这种感觉，真的很好。

台南作家叶石涛曾经说："台南是个适合人们做梦、干活、恋爱、结婚、悠然过活的地方。"朴实又真诚的庶民小吃，巷弄里老房子的人文气息，豪爽又自信的人情味，会在你落地台南的那一刹那，悄悄地爬上你的心头。神农街逛街，水仙宫午餐，窄门咖啡那通名为"黄金鸦片"的小餐，诚品书店门口打不到车子的孤单，以及初冬斜阳下孔庙里的光影绰绰，就是闲闲的时光。台南并不产茶，但是台南人爱茶。旧时的台南人，借着舞文弄墨，把喝茶作为一种生活的选择，以茶传道。十八卯茶屋是我在傍晚逛街的时候不经意遇到的，十八卯也叫"柳屋"，如果要追溯一下名字的含义，十八卯应该译为"一栋破旧的老房子"。藤制家具，榻榻米座椅，日式风味的喝茶空间，各种设计独特的茶具、轻食、淡茶，老房子因为茶文化的赋予而浴火重生。

曾经归属广东的海南省，对于广东人来说，并不那么吸引人，据说广东人把广东之外都称为北方，海南也不例外。记忆里去海南不过三次，第一次是在三亚湾坐邮轮去越南，那是我第一次到国外，在一个叫会安的古老城市里逗留了半天时间。第二次去，是陪朋友到海口做摄影讲座，海口，仍然很落寞，就如一个不得志的文人的背影。在骑楼老街里，到处是生活的景象，春节还没到，骑楼两旁的商铺已经开始售卖各种吉祥的春联和如意贴，金灿灿红晃晃的一片，充满了喜庆气氛，挂在骑楼的门柱上，特别有意思，这景象，有点像二十世纪八九十年代的广州。第三次去，便是在陵水这片炽热的海滩，对着海发呆了一个下午。对海南的印象，除了阳光沙滩椰树棕林，最深刻的应是槟榔，喜欢吃槟榔的人会就着荖叶和石灰咀嚼，一口口像血一样的东西在嘴巴里打转。据说，越南人非常喜欢这个，他们的牙齿以黑为美。在秋风秋雨的夜里，想到阳光明媚的海滩，秋风从北扫到南，却一直扫不过琼州海峡。霜降过后便入冬了，这个秋天，好像还没够的样子。

海南，陵水 / 热度不减的沙滩上，寻不到半点秋日的景象

霜
降

冬季篇

山回路转不见君

冬天最应景的一句诗，无疑就是：："晚来天欲雪，能饮一杯无？"三五知己，寒冬腊月，温了几盏小酒，备了几碟点心，窗前小坐，忽然天色暗淡了下来，在氤氲的蓝光暮色里，雪花落下，飘至窗台，此时意境或许只有古人才能意会。感知的不只是当时的情景，更是一种淡淡的生活情趣，寒冷的冬日，就这样把酒言欢，哪怕困在一个屋檐下，也是满心欢喜的。久远的岁月传递着不变的温情，节气和时令传递着寒风中不易察觉的暖意，有心的人总能感受一二。燃烧的炭火，冒着蒸汽的酒壶，几缕饭香，酒杯碰在一起清脆的响声。天气慢慢就冷起来了，冬季的气息渐渐逼近。慢慢储藏一个冬季的元气，等待春日的到来吧。

寂寞人间

冬的脚步越来越迟缓了，节气都到了立冬，南方却还是秋高气爽的样子，遥远的海南岛还有在烈日下肆意戏水的人。在广袤的中国大地，冬季像是在演绎一个慢动作，从北到南，缓缓而来，等最南端的岛屿感受到片刻清凉，内蒙古北部早已经冰封三尺。残秋尽，冬未隆，正是相思渐盛时，四时皆为农忙而立，但多愁善感的中国老百姓，总是爱给每一个季节配上浪漫的隐喻。如果不能郎情妾意，你侬我侬，那就相思断肠来凑，总之，"感时花溅泪，恨别鸟惊心"，世间万物，天气轮换，皆是为心境的转变酿造环境。古人们总是掂量着自己心里那点儿女情长。

冬的孤寂跟秋的悲戚比起来，多了些硬朗，就是无所顾忌地冷了起来。"我要用我这手抓住冬天给我的忧郁。"沈从文这样感叹冬天，而我则想用镜头把冬天的影子冻结起来，带回温暖如春的南方，细细品味。

"你知道吗？人难过的时候就会爱上落日。""在你看了四十四次落日那天，你很难过吗？"小王子的星球很小，每天移动椅子就可以一直看落日，每天看四十四次。在抚远，这个祖国最东端的小县城，到了傍晚，这里的万物最早把太阳送走。遥远的黑龙江畔，乌苏大桥横跨抚远水道，黑瞎子岛上已经处处是落日余晖，从东极宝塔下来，到抚远湿地，太阳即将沉睡。远处的河道山川，早已经在一片粉红霞光的笼罩中，寒风中，像坠入了一场爱河，不可自拔。蓝天蓝，飞鸟还，归途赏尽落日圆。泛舟独悲欢……愿有人陪你看日出日落，愿有人与你一起颠沛流离。抚远的日暮，仿佛就是等了半辈子的那束光。站在东极宝塔上俯瞰远处的黑龙江和乌苏里江，突然觉得来到了世界的尽头。

　　随便问问，身边的人大多都去过台湾了，这个曾经在语文课本里让无数少年怀揣着乡愁的海岛，神秘不再，遗憾徒增。有人说喜欢去垦丁看海，有人说要去诚品书店买书，有人说逢甲夜市的胡椒饼太好吃了，

黑龙江，抚远 / 站在黑瞎子岛上，仿佛去到了世界尽头

125

也有人说绿岛的夜并没有传说中那么美。在每个人心里都有一个不一样的台湾印象，我也有，印象中的台湾，是充满人情味的梦中故乡。沿着苏花公路，从宜兰来到了花莲，傍晚的七星潭游客总是很多，吹吹海风，看看落日，散散步，听听岸边乡民的歌曲，再没有比这更完美的消遣了。如果有一天我老了，我也要背上吉他去远行，会不会也有人爱上听我唱歌呢？

平常的傍晚里，在花莲老街散步，华灯初上，寺庙旁边的小吃店总是分外忙碌，一天下来该洗了多少个碗呢？岁月就在这流水滴答声中流逝。二十多年前，李宗盛在牛肉面档，一边吃牛肉，一边给向他诉苦的

台湾，花莲 / 清水断崖，海水湛蓝

娃娃写下歌词："为你我用了半年的积蓄，漂洋过海地来看你，为了这次相聚，我连见面时的呼吸，都曾反复练习……"台湾，对于很多人来说，就是一种漂洋过海来看你的等待情怀，是凝聚得化不开的乡愁，是一段属于异地恋的特有的相思。

那次台湾之行，在花莲入住的是统帅大饭店，这家老饭店类似于广州宾馆，是老牌的旅馆，舒适而不花哨，我们在这里度过了愉快的花莲假期。然而离开三年，传来花莲地震的消息，统帅大酒店全部倒塌，我望着坍塌的楼房照片感叹，每一趟旅途，都可能是生命中最后一次与一个地方的相遇。徒步砂卡礑步道，初冬的天气未散去晚秋的余热，走得快要虚脱，幸亏一路风景优美，随后在路途中经过清水断崖，看到了太平洋最清澈的蓝。

按照习俗，立冬到了便可以进补了，"立冬补冬，补嘴空"，在古代立冬是法定假期，人们必须休息一天去犒赏家人和自己一年来的辛劳。秋冬之交，北方的人们开始吃羊肉、牛肉、喝人参汤，并做好御寒准备，而在南方则以温补为主，枸杞泡水成了中老年人养生的一大选择。其实吃什么都已经无所谓了，大家不过是找个由头重温一下节气吃食带来的片刻愉悦。

说到吃，哪里能比得过香港，哪怕是一家简单的茶餐厅，都能吃出美味来。我想没有什么比茶餐厅更能代表香港了，在香港，如果有一个"女仔"肯跟你去吃茶餐厅，那么就娶了她吧，她绝对会是一位贤妻。去中环码头坐轮渡，从码头到南丫岛是二十五分钟的路程，游客若没有八达通，上轮渡只能用硬币买船票，沉甸甸地揣在兜子里，走起路来哐当作响。船票多年未提价，来往离岛的船浓缩着香港多年的沧桑和时光。南丫岛是周润发的故乡，据说发哥特别喜欢回离岛吃海鲜，有一次兴之所至便

立冬

127

也去了同一个地方用餐，结果点了两个濑尿虾便花了八百港币，好处就是能坐店家的私人轮渡回到中环。

南岛书虫咖啡馆是南丫岛坐着最舒服的地方，有阳光的时候，咖啡店里的绿色就会跟光线融为一体，不管是谁走进来，都像带着一个神秘又美好的故事。书虫咖啡里新出的甘笋南瓜汤，是我在南丫岛吃到的最温暖的一份。我们的味觉会随着心情不断变化，曾经以为，南丫岛的鸡蛋仔是我的唯一，也有那么一年，为了天虹的一只濑尿虾疯狂。榕树湾还是那个榕树湾，但南丫岛似乎已不再是那个南丫岛了。那时候我们把离岛的生活当作另一片后花园，如今这里的游客渐少，人们似乎更愿意来这里行路和骑车。香港的初冬完全感受不到冬的气息，但如果你喜欢

香港，南丫岛 / 秋高气爽的天气里，去离岛吃一顿丰盛的海鲜

逛香港，商场里的空调开得足够冷，一年四季都有"冬意"，有经验的人们来这里总会常年带一件薄薄的外套。

在我的印象中，对"哥哥"张国荣的记忆已经有些模糊，我们这一代熟知的香港代表人物是陈奕迅，他是一个疯癫的艺人，永远沉溺于自我，随性又自我，但是一点也不缺乏可爱和善良。他的声音跟他的个性一样不羁，也许，这也是我对香港最初的印象。拥挤而繁华的香港，总有一些说不完的故事，总有一个让人惦记的念想。来了又去，辗转反复，撇不掉对香港的热爱，来来回回写她，她是我巨大的情感磁场。

冬天是适合隐居的，说到隐居，想到《三联生活周刊》里提到的一句话："对于修行来说，人世间没有什么幻境，不过是来源于生活，也隐没于生活。身在何处不重要，真的修行到家，扔到沙漠里，也能让生活开出花。"不要一提到修行，就要去遥远的庙里烧香，或者到偏僻的乡村里小住。大隐隐于市，爱旅行亦是如此，不如先从热爱自己居住的城市开始，心里明朗，家门外的公园就能度假，书房里写字画画也能修行。在广州有十多年了，可是没怎么留意这座生活在其中的城市。人们都会忽略身边最亲近的事物，伸手可及的是生活，远隔千山万水的才叫远方。也许若干年后我也要离开这里，却不知我与此交会这么多年，竟未留有一些念想，那会空留下许多遗憾。

每次回到广州，都想抽时间去久别的书店坐坐，看那里是不是有了新的想读的书，有没有合适的讲座，咖啡是否出了新品，会不会在那里遇见曾经一起读书的某个朋友。也会去家附近的大学校园，寻觅一下晚秋的影子，却每每是落空的。秋风扫落叶在广州并不多见，哪怕立冬已经过了许多天，站在校园里，好不容易盼到一丝丝风掠过双颊，飘落下来的却是紫荆花的花瓣，如梦如幻。

立冬

秋末初冬时节也会趁周末坐高铁去附近的省市走走,贵州便是首选。黔南秋尽,荔波却仍然青山隐隐流水迢迢,去龙里徒步巫山峡谷,仿如步入原始森林,峡谷悠悠还有鸟叫虫鸣。而漫步福泉山,穿越古城墙,文庙隐在绿林当中,一股仙气沁入脾肺,令人心旷神怡……如此生机勃勃,甚至跟秋天的萧瑟都搭不上,更别说冬天的静寂无声,然而,这正是黔南的初冬。

"一点禅灯半轮月,今宵寒较昨宵多",时间在循序渐进地向前,虽然我们总是不愿意接受冬季那么快就来到——特别是北方的人们,冬季对他们来说意味着劳动的停滞,是要猫冬的。到了这个时候,呼伦贝尔的每家每户都已经存储好了够一个冬天吃的大白菜,大街上也没多少人行走,仲秋的恩河小镇,已经进入淡季。北方的淡季是真的淡季,没有饭店开门,也没有酒店营业,基本是萧条一片。南方的人们不过是看着更加明朗的月,感叹今晚寒意比昨晚深了一点儿。这种差异造成了各地人们对冬季气氛的不同感受,而南方人更喜欢舞文弄墨,大概是因为在他们生活的环境里,春夏秋冬都适合在月下独酌一番吧。

黔南,荔波 / 秋尽,荔波却仍然青山隐隐流水迢迢

广州，华南农业大学 | 冬天里感受花落无声，也只有在南方了

立冬

131

空谷足音

　　小雪来了，冬天才真正拉开序幕，只是遥远的北方早已经降下了这个冬天的第一场雪。天气寒冷，秋收冬藏，宜休养生息，所以在古代，北方人到了冬天几乎是不劳作的，世间万物到此消停，要为来年春的到来蓄势。小雪就像一名袅娜女子，翩然而至，浅浅的若有若无，带着一颗薄凉的心第一场雪的到来似乎变得没那么惊喜，但是北京城里，人们为什么那么热盼雪的到来呢？因为雪天里，北京便是北平，南京便成金陵，哪怕只是一场雨夹雪，都会让忙碌的人们在心里收获一点儿来自遥远旧日的对时间的感叹。

　　去了那么多次云南，对昆明依然充满了遐想，想在翠湖边上拥有自己的一栋房子，抑或住上半年一年也好，每天都去翠湖散步。想到汪曾祺先生在《翠湖心影》里说："有的夜晚从湖中大路上走过，会忽然泼刺一声，从湖心跃起一条极大的红鱼，吓你一跳。"那情景于我，是十多年前对翠湖的最初印象，每每离开昆明之后，我又不断想念，想念那个一年四季都是绿色的地方，那是一个在北方飘雪时却依然能闻到花香的地方。离昆明不过一个多小时路程的九乡，似乎并不被很多人所知。人们记住了石林，却忽略了九乡，且不知在云南旅游，有句俗语叫"地上看石林，地下游九乡"。三年前去过

云南，九乡 | 一抹属于晚秋的红，在山谷间妩媚绽放

一次九乡，那时隆冬，当时就被这里幽静的山谷打动。九乡的美不仅仅在于溶洞的斑斓，还有是行走于山谷之中的仙意，以及谷底的流水潺潺和飞瀑的奔腾。若在夏季前来，定然有一种解暑的惬意，可我偏偏又在初冬的季节里邂逅了这里最红的一片深秋。

在广西，有一个山清水秀的地方，那里的水清到可以捧起来喝，那里的山翠到连倒影都像一幅画，那里叫阳朔。不管是坐在后院旅舍呷一杯咖啡，抑或是走去西街看看热闹，还是租个电动车沿着遇龙河驰骋，这里的千山万水，总让人看不厌。四季变化，它亦随之变化，时光流逝，它却无动于衷。跟大多数南方的冬天一样，一旦阴雨绵绵，阳朔就陷入了湿冷的状态，躲也躲不了，恨不得抱个炉子到处走。走到乡村里，四处都在生火烤火，我在后院旅舍躲着窝冬，看书太入神，一杯咖啡在手心里从热变凉。可我偏偏喜欢这样清冷的日子，雨后是阴天，走到穿岩村里呼吸新鲜的空气，踩着湿透的泥路，偶尔还能碰见水渠间立着枯树，

小雪

冬日的意境立刻丰满了起来。

　　沿着遇龙河顺行，又到了上一次路过的堤坝，下了几日的雨，河水漫过了坝子，已经不能走到对岸了。骑上电动车便可在工农桥旁的小道沿着遇龙河行走，路上会遇到一些驿站或是小村庄。冬天的水虽然凉但非常清澈，接近黄昏的山色的倒影也很清朗。若是有时间，要到更深处的村子里去，不过这短短的黄昏，已经足够让我流连。想到接下来还要在后院旅舍留待时日，便暗暗欢喜，我要好好把这趟依山水而居的日子记下来，留待夏日炎炎时再拿出来品味清凉。只是阳朔的山水虽好，可阳朔的冬雨真的是刺骨的冷啊。

　　我似乎对冬天的旅行更加渴盼一些，所以走的地方总是多一些，细想原因，大概是因为在广东没法感受冬季的凛冽。在我心里，时节的过渡需要一些仪式，比如夏天一定要吃到冰镇的西瓜，比如冬天一定要看到飞雪，还好这些愿望并不难实现。但实际上我又畏寒，那一年在呼伦贝尔的陈巴尔虎旗参加冬季那达慕大会，是我这辈子最冷的一次感受，几乎是坐如针毡。在没有暖气的蒙古包里全身如被刺一般疼，想起来都难受，但不知为何，每每北风起了，听到天气预报说冷空气南下，嗅觉里就有了对冬天的感应，计划里又筹谋着要去一趟北方了。

广西，阳朔 / 遇龙河畔，一场雨过后，冬日的意境丰盈了起来

　　多年前怀着对和顺的向往，一个人去了趟腾冲，时逢冬春交际，和顺村外的大片田地里油菜花开得灿烂，基本上把所有景点都走了一遍。多年后回想起这段旅途，竟然心有戚戚然，年轻时孤身走天涯，什么都无畏，年纪大了反而心思就多了起来，再次走来时的路，很多想法都已经

跟往年不同。然而关于腾冲，总能回想起一些触动心弦的画面，让人不自觉地哼起一些旧时的歌谣，念起一些过去的情来。

云南，腾冲 | 固东银杏村，初冬的叶子绿中带黄，飘落满地

去银杏村吃晚饭，我终于抵达了这个传说中的村落，初冬的银杏叶还未见黄得通透，跟许多摄影师笔下的神奇浪漫比较起来，真实的村落显得更有烟火气息。在村子里每走几步就能看到上百年的老银杏树，叶子将黄未黄，却已飘落，满铺在地上。道路都是用火山石铺就，灰色与黄色形成了一种天然和谐的色调对比。这几年银杏村火了起来，也火了好几家做白果炖鸡的人家。来这里吃饭无疑都是吃白果炖鸡，据说这里的走地鸡都是吃白果长大的，吃起来劲道十足，似乎白果的香味都已经渗透到了鸡骨头里。在遍地金黄的道路上漫步，总觉得秋天如果可以再长一点儿，冬天也就不用来了。银杏在地球上存在了几亿年了，作为活化石的银杏树是一种非常自律的植物，没有飞舞的绒毛，没有肆意生长的枝丫，到了秋天便自然落叶，花朵也是低调而内敛，它之所以能存活至今，生命力保持长久，是有原因的。午后在银杏树下泡一壶茶，吃点炒制的银杏果，凉风阵阵，很是惬意。

在旅行途中我不爱做攻略，常常遇见什么就接受什么，所以每次有精彩的瞬间，就会感叹人生的巧合。我到台中的时候并没有听过高美湿地，从鹿港小镇来到高美已经是下午四点多，湿地的栈道上聚集了大帮的游人，都是为了来邂逅一个难忘的傍晚。高美湿地的夕阳也并不是每

小雪

天都能看到的，那一天必须有阳光，那必定是一个美好的日子才行，一切都得靠运气。

四点多就到了"小船咖啡"，滩涂附近难得遇见一家这么有调子的咖啡馆，坐下来点餐等夕阳。店家呈上的是自家种的丝瓜，清水煮出来的味道，不张扬也不过分的甜，至今难忘。我的台湾向导阿默早已经点了一盘晚饭垫肚子，她是一个不能饿的人。从她跟小船咖啡老板的熟稔程度便可见她来这里的次数之多，我可以想象为何那漫天的晚霞对她来说，不如躲在咖啡店里逗一只小狗打发时间。审美疲劳可真有那么可怕，所以我们才要不断地出发，然后又不断回味和惦记身边那些熟悉的场景。于是旅行才有了真正的意义，它正是为了丰富你的人生而存在的，等你有一天老了，留给你足够的回忆，度过漫长的老年岁月。

地平线，夕阳，风车，远处星星点点的人，洒满滩涂的灿烂的橘色阳光，那些踩在滩涂上的脚印，那些留在木栈道上的凌乱的鞋子，那污

台湾，台中 / 傍晚的高美湿地，等这个冬日最美的夕阳

泥里爬出来观望世界的小螃蟹，那些踩在芦苇上的招摇的小鸟，构成了高美湿地最精彩的画面。据说这里的候鸟有一百多种，正逢初冬，从北方来过冬的鸟儿又到了一批……此刻，踩在脚下的泥巴和亨受风景的心，都是柔软的，这便是我在台湾记忆最深刻的一个傍晚。阿默说台中人都很爱来这里消遣，除了小船咖啡和几家食肆商店，并没有多余的商贩，高美湿地吸引人的地方在于它的自然和平常，就好像一家人出来散步吹风，在这样和风吹拂的初冬的暮色里，结束了完美的一天。

南方的朋友时常抱怨，春夏秋冬不分的南方啊，

过得有点憋屈呢。其实，在交通如此发达的今日，去北国过一个周末一点也不难，要感受冬天就尝试一点极致的冷，广州到哈尔滨也就是五个小时的航程。伏尔加庄园就像一个雪的王国，现在没到旺季，游客并不多。小雪时节一次跟雪的浪漫约会不一定要很久，两天足够，不一定要去很多地方，只要能跟雪亲密接触就可以。

哈尔滨，伏尔加庄园 / 大雪已经把道路掩埋

我常常幻想北国之城的生活状态，也在冬天到过几次哈尔滨，却仍然心生畏惧。傍晚来到伏尔加庄园，走去吃晚饭的路上，听靴子踩在雪地上的声音，我确定自己又来到了北方，而且想象中的寒冷似乎并没有那么冷。第二天没有太阳，阴天的庄园里，冬天的气氛一点都不减。因为伙食太好的缘故，庄园里的流浪猫不计其数，而且都不怕冷，常常出其不意地出现在我面前。俄罗斯风格的建筑耸立在雪原之上，令人仿佛置身异域雪乡。偶尔会有行人踩着自行车在铺满雪的路上骑行，时间回到了二十世纪的某个电影场景。阿什河流经伏尔加庄园，秋天的时候，这里拥有最美的秋色。冬天到来，河面都结冰了，并且被大雪覆盖。凋零的树木和披上银装的大桥也分外壮观，等再过些日子，庄园里的雪更厚了，让人停不下来的滑雪季又将拉开帷幕。

也许一直以来，我们对雪国的畅想都包含了很多历史的情绪，那是一段属于东北的故事。每到冬天，脑海里都会闪现雪乡的场景，总想再去看一看走一走，躺在温暖的炕上，想着那些油画般的木屋，教堂，还有走在雪地上的声音。"算得流年无奈处，莫将诗句祝苍华"，小雪节气里能遇上一场大雪，让人满怀对上天恩赐的感激之情。

小雪

酒入愁肠

怕冷的人，总会感觉冬天特别长，浮浮沉沉，起起落落，瑟瑟缩缩，不出门的日子里，时间仿佛减缓了速度。据说北方人没有南方人抗冻，大多数北方人来到没有暖气供应的长江南岸，都会被那里的湿冷吓得一提起来就开始哆嗦。那些整个冬天窝在如春天一般的屋子里的北方朋友，怎么晓得南方屋子里烧着火炭依然如冰窖一般的彻骨之寒。北方独有的美是大雪倾城，大地白茫茫，而寒冷的南方雨夜，独自赶路的人，总是会叹息这漫漫寒冬何日方休，南方人更盼着春风一夜吹绿江南岸吧。大雪纷纷，一壶温酒，一炉火锅，三两知己，这个冬天似乎也没那么寒冷了。

记得有一年去山西，从太原坐火车到平遥，天气寒冷，抵达之后在窑洞客栈温暖的炕上躺了下来，睡了不到一个小时，就仿佛沉睡了一个世纪。这次从碛口出发，去李家山村只是翻过一座山的距离。碛口古镇已经是一个人口稀少的地方了，旅游淡季，再加上人口外流，晚上躺在炕上，安静到能听见黄河水的浪涛声。李家山村却是隐于大山深处，著名画家吴冠中二十世纪八十年代末到李家山采风，他说："我在山西有一个重要发现——临县碛口李家山村。这里从外面看像一座荒凉的汉墓，一进去是很古老很讲究的窑洞，古村相对封闭，像与世隔绝的桃花源。这样的村庄，这样的房子，走遍全世界都难再找到！"

去李家山村走的是山路，一路攀爬，一路黄沙。村子不大，抵达村子之后沿着道路往山上爬，再从山上回到山腰处，山村的窑洞也是沿着山势排开，站在越高处，越能看出气势来。夏末秋初的时候来这里，还在村里的小卖部买过冰棍解渴。如今也不见小卖部的踪影了，入冬的季节里，黄沙四起，黄土高原的干旱与贫瘠凸显无疑。

山西，吕梁 / 李家山村，打枣子捡枣子的事，落在了老人身上

很多窑洞都已经人去楼空，有的已经荒废，杂草丛生，有的只剩下老人看管着整个院子，留下寂寞孤单的守候的影子。村子里的枣子刚成熟，路边的树上还零星挂着未摘下来的果实，难得遇上几位路人，都是跟我兜售枣子的孤单老人，让人心生凄凉。跟西湾村不一样的是，李家山村从山底一直建到山顶，叠置十多层，一气呵成，立体感明显，村子里的道路也是弯弯曲曲，该绕的地方绝不会修直路，由此看来，李家山村更体现了建筑与自然的完美结合。站在无人的山谷中望着对面沟壑丛丛的崖壁，崖壁上是层层叠起的窑洞，这个季节树木已凋零，掩映着房屋，屋檐下还挂着衣服。人去楼空的村子，孤单而又美丽。

"坐慢船，由重庆顺流而下，我来到了涪陵。这是一个温暖、清爽

大雪

139

的夜晚，在 1996 年 8 月的尾声。"何伟在《江城》的这样开篇写道。我看这本外国人写中国的书，常会泪目，那记录的是真切的、逝去的年代。重庆这座城市曾被我列入最爱的城市之一，我喜欢这里高低错落的房子。重庆印象停留在拼接的记忆里，嘉陵江、轻轨、朝天门、索道、石梯、老城、火锅……但是这里也有我悲伤的记忆，那一年去重庆的途中丢失了电脑，丢掉了没有备份的好几年的图片数据，也丢掉了那几年的回忆。入冬的西南大都市，寒风凛冽，去四川美院看老建筑，这里是"乡土写实绘画"和"伤痕美术"的发源地，是重庆这座江湖侠义的城市里柔软的文艺所在。学校门口的银杏叶子正黄，落在斑驳的墙体上，沧桑悲凉。那一日又去了磁器口，周末人多，挑了一家茶馆坐下，听川剧看变脸，俊俏的小伙子拿着茶壶给客人表演茶艺。我坐在角落里，听着戏台上变幻万千，想着与这座城的各种缘分。落叶从古树上飘落，跌入杯沿，万物零落，众生蛰藏的冬天里，我的旅途在一家小茶馆里戛然而止，然而一碗茶过后，仍然还是要上路的。

在冬天里，酒才凸显出它的好处来，春天喝茶，清新，冬天喝酒，暖心。除了酒，火锅也是冬天最应景的期待，仿佛要吃一个冬季的样子，断不了火。细想，凡是能窝在家里做的事情，例如喝酒吃火锅，再比如生炉子睡懒觉，无一不是冬天里最美妙的安排。万物蛰伏，确实是休养生息的最佳时期。大雪覆盖了大地，粮食和蔬菜也开始了冬眠，在雪的呵护下积蓄着生

重庆，四川美院/校园里的银杏黄得耀眼，落叶飘散在斑驳的墙体上

长的元气。世间万物都静下来了，还有什么在心里悄悄滋长的？恐怕又是诗与远方了。冬天出行，要么去北方感受真正的冬意，要么到海岛享受阳光与沙滩，我却偏偏来到了最湿冷的湖南。

车子从怀化到洪江县城，路过沅水岸边的吊脚楼，残缺的木房子，江上飘着的孤舟，这流离飘荡的画面，正适合我当下的心情。挑了老商城附近一家宾馆入住，

湖南，洪江 / 老街上的酿酒作坊，傍晚开始忙碌了

简单的设备，靠江的窗子，仿佛入夜摇橹的声音会从窗子外飘进来，而船上的饭又刚刚煮好，轻烟飘荡在江上。洪江位于沅水与巫水交汇之处，有水的城市，灵性才凸显出来。很多年前，沈从文先生的船就行驶在这片江面上，他在船上给张兆和写信，信里说："山水美得很，我想你一同来坐在舱里，从窗口望那点紫色的小山……我想要你来使我的手暖和一些……"我搓着自己的手，用嘴巴呵气温暖了一下已经冻得僵硬的手指。

沅水上游的这座千年古城，似乎已经被人遗忘，老屋子里馄饨做得香着呢，亲人陪伴，围炉吃一碗热热的汤，是最幸福的事。走在洪江小城的路上便遇见了做米酒的作坊，做酒的师傅开始蒸米，一勺勺地把米倒进大锅里。等吃完晚饭回来，他的妻子已经过来帮忙，昏暗的灯光下是两人共同劳作的背影。街上小卖部里的生意不太好，老人们打牌消遣，一家几乎没有客人的面店里做出来的拉面却让人惦记至今。我越来越爱这被世间忽略的烟火气息。喜欢洪江，是因为这里仍然保留着当地人的生活。爬到一栋旧食品厂的顶楼看商城全景，但这里的视野并不理想，

大雪

后来去了后山，古商城就这样藏匿在这座小城里，跟小城融为一体。因为有人居住，古商城里的气息一下子就活跃起来，老杂货铺里正在进行交易，乡亲们聚在一起打桥牌，做菜的，煮面的，还有在老房子门口玩耍的孩子……再没有比这些更动人的画面了。寒冷的冬天因为平淡而温暖的生活而平添了许多期待。

跟呼伦贝尔说再见已经不止一次，然而我又在大雪覆盖阿尔山之际来到大兴安岭的怀抱。冬天的呼伦贝尔，一切似乎刚刚苏醒，这里的风景是寂静的，静到可以凝固。阿尔山白狼峰上，大雪铺天盖地，白茫茫一片，哈拉哈河的河水却仍然流淌着，升起团团雾气，去往天池的路已经冰封，不适合车子行走，冬天这里人迹罕至，只有牛羊出来觅食。到了夜晚，白雪映着月色，大兴安岭呈现出它静谧的美。在锡尼河镇，马踏飞雪，每一个人都有一个关于草原的梦，它跟骏马一同飞驰。而此时的陈巴尔虎旗呼和诺尔，也开始了草原上的盛会那达慕。蒙古包内，悠扬的马头琴和牧民的低吟，仿佛穿越时光，而蒙古包外，是零下三十多度的寒风凛冽。在冷极村，大雪覆盖了原野、山脉和房屋，红色的灯笼在房前摇曳，屋内是正在做饺子的人们，这个冬天是温暖的。再见不遥远，冬至将至，一场关于远方雪原的梦才刚刚开始。站在这雪花起舞的苍茫里寻找，你在哪里？不停地沿着你的足迹走下去，这是我爱

内蒙古，呼伦贝尔 / 锡尼河镇的每个人都有一个关于草原的梦

你的唯一方式。

两年前在安昌偶遇的一场雪，至今难忘，一到腊月里，古镇里家家户户门前悬挂腊味，景象壮观，在离乡的游子看来，这些都是乡愁。安昌的桥没有同里多，但大多古朴不做作，藤蔓缠绕，石阶被磨得滑亮。依河而建的古建筑八字排开，每一座桥都恰到好处地把两岸连接，或大气或小巧。主街上的商铺亦很多，但看起来并没有其他古镇那样过度商业化，每次经过福安居茶馆，都忍不住探进头去听听那些老茶客们在聊些什么。晚饭时分，桥的两侧都生起了煤火，烟气把路人熏得直咳嗽，主人家就不好意思地赶紧把煤炉拎到另一边，不一会儿流水哗哗的洗菜淘米声就接踵而至了。这些真实的生活场面，把安昌装点得像个隔壁家灵动又勤快的姑娘，她是接地气的、讨人喜欢的，总有人抢着要娶她回家当媳妇……夜幕降临的时候是古镇最安逸的时候，乌篷船要收摊了，船夫都把船赶回码头。屋内热气腾腾，腊鸭腊肠吊在门檐，也不怕路人顺手拿去，干脆就由着它吧，反正第二天还是要挂出来晾着的。这一年又匆匆过去了。

"山回路转不见君，雪上空留马行处"，很多年很多年以前，我也有过这样的梦，外面是大雪纷飞，红色的灯笼在房前摇曳，远远便听见隔壁家放起了鞭炮，爆竹在飞雪中飘扬，屋子里炭火正旺，各种饺子轮番上场。爸妈忙里忙外，爷爷奶奶笑开了怀，兄弟姐妹们讲着各自在外的经历，小狗也蹲在大门口，摇着尾巴等着美餐一顿……仿佛这一年所有的盼想，都凝聚在这一刻里。很多年以后，对雪国的印象模糊，那一趟驶向风雪中的列车，还会不会在夜空中停下来？留待我做完这个漫长的梦，再呼啸而去。

大雪

黄昏月淡

　　每到冬至，一年又快过去，大雪下过几回，腊月也将近。家中的炉火生起了，过冬的食物开始储藏，一种久盼的年的气象开始弥漫。心里想着好多事儿，还没了的呢，也只有寄托来年了，来年春暖花开的时候，我们又再聚。冬至大过年，在南方，冬至是一个意味着团圆的重要节日，亲人们要聚在一起吃一顿汤圆，象征家庭和睦吉祥。"家家捣米做汤圆，知是明朝冬至天。"而在客家人家里，冬至的晚餐一定会有白切鸡，无鸡不成宴是客家人的传统，所以每到隆重节日必有鸡，做鸡的花样也越来越多。冬至的重要似乎在古代就开始流传，周秦时代将冬至作为岁首，明清时期皇帝在冬至日要去天坛举行祭天大典。

　　南方的小镇到了冬至，气候刚刚好，出门时舒适清爽。贺州离广东近，两个小时内的车程，到了黄姚古镇。小镇的生活亦是悠然的，淡季的游客不多，到了夜晚也难免会有孤独之感，住在古镇里待上两日的人更是凤毛麟角，突然就有了一种当主人的错觉。黄姚的豆豉据说是用当地仙井泉水制作，这让黑豆显得愈发乌黑油亮，并且平添了几分桀骜不驯的孤傲之感——豆豉也是有性格的。那天日头西下时，在镇中踱步到了一个院子，院子的场子上用竹簸箕晒满了乌黑的豆豉，场面壮观，主人正忙着把一筐筐的豆豉收好回家。收获之后的忙碌场面，让人顿觉美好至极。柿饼亦是这里的特产，可惜没见到家家

广西，贺州 / 黄姚古镇，屋前屋后，人们忙着晾晒豆豉

屋顶晾晒柿饼的场面，偶见房前屋后瓦顶上，一些未及时采摘下来的柿子，干瘪又红灿灿地挂在枯枝上，煞是好看。到了冬至，南方仍是深秋的模样。

古镇的风貌也吸引人，几棵造型奇特的古榕让人仿如来到了云水谣，山和水自然是不必说，喀斯特地貌让这座古镇环抱在青山绿水之间，连河边的石头亦被冲刷出许多奇特的造型。行在古桥之上，仿佛身处江南园林，而镇子内的主要街道又与桥梁、门楼以及寨墙结合，构成了一个整体，镇里镇外便是两个世界。跟以往在西北中原一带看到的古镇不同，南方的古镇让在此生长的人多了些依恋之情，当地人并不是特别热衷逃离自己的家乡，而外地人也愿意为此而留下。三年前我在一家叫听泉小苑的店里吃过一顿饭，店家便是广东中山人，当时觉得像店家这种热爱

冬至

145

在古镇里开店的人比比皆是，大多数都是奔着完成自己的一种情怀而去，三年下来竟然未更易主人，让人觉得诧异之余，也感叹这黄姚山水实在是能留得住人的。

山西，太原 / 傍晚时分的晋祠，安静又肃穆

要考究中国建筑的精湛，想必还是要去到山西，寒冬腊月里，又开始了一趟山西之行。八十年前，建筑大师梁思成及其夫人林徽因加入中国首个以古建筑为研究对象的学术团体——营造学社，对中国大地上的古建筑进行了大量的勘探和调查，搜集到大量珍贵的数据，其中山西便占大部分。此次行程短暂，未能走遍老一辈人所到之处，但单单是匆匆一行，便已经是大为惊叹——中国古建筑就像一首美丽的诗词，配上优美的曲风，回荡在古老浑厚的土地上。太原晋祠是西周时期为纪念周武王次子姬虞而建造的，也是我国现存最早的皇家园林。晋祠是一座综合的建筑群，不同时期的建筑在布局上相得益彰，十分紧凑，既像庙观的院落，又像皇室的宫苑。傍晚时分的晋祠安静又肃穆，古树参天，溪流开始结冰，老建筑的流畅线条，蜿蜒穿行在祠堂和殿堂之间，让人印象非常深刻。那日天气甚好，湛蓝的天空把古建筑映衬得分外别致。雪终是未落下来，倒是从平遥回到太原去双塔寺的那个下午，飘起了小雪。雪花还没落到地上就已经化了，让人心里空有一个关于雪的梦。

心中对北方的念想，并不是白雪皑皑的东北的雪乡，也不是恢宏大气的故宫的孤寂，而是如平遥古城一般，灰黄高大的墙，穿着棉衣的行人，有点混浊的空气，凋零却极有个性的枯树，暖暖的炕，热热的面，还有闻起来就想起儿时往事的一股浓浓的煤味。从知道平遥这个地方开始，已经来过四次，每一次的感触都不一样。在有"中国古建筑宝库"之美誉的山西，平遥所保存的文物建筑之多也是首屈一指的。在城墙和老建筑之间徘徊数日，老城的商业氛围已经开始弥漫开来，各种客栈食肆和旅游商品随处可见，城隍庙里也偶尔会上演让人买香火的双簧戏。不过，站在城墙上远眺古城人家，还能觅到许多院舍里生煤火的人间气息。

冬至

山西，平遥／回客栈的路上，一轮满月挂在老房子的上空，令人感慨良久

清晨起来觅早餐，会看到早点铺里挤满了食客，要一碗小米粥，炒一碟"碗托"，抑或简单的葱油大饼再一碗加蛋的豆腐脑……日暮的时候有匆匆归家的行人，也有闲着没事爱跟来客唠唠平遥旧事的大爷。路遇一家酿醋的店铺，大娘热情地招呼进去看她的"生产车间"，然后送上两杯酸到让人皱眉的陈醋。大街上卖油茶面的铺子，憨厚的"代言人"开始出来招揽生意，递来一杯热腾腾的油茶面，大冷天里喝下去，确实暖呼呼的。夜晚回客栈的路上，一轮满月挂在老房子的上空，令人感慨良久，或许这是最后一次相会了，人生无常，谁知道呢？

平遥郊外，镇国寺里游客稀少，寺外是墓地和高粱地，放羊的老人正赶着羊群准备回家。冬至夜，不知他家里是否也准备了饺子庆祝这个大过年的日子。再过些天，腊八也就到了，寒夜里一碗粥一炉火，对于忙碌了一整年的人来说，都是小小的确定的幸福。我们看时间变换如此动人，也期盼着世间能温柔待自己。

十一月因为工作去了一趟香格里拉，这个诗意的地方跟这个诗意的名字，是永远不会消匿的，我对它的想象也总是停留在模糊的记忆里。但这种感觉很好，不管别人用怎样的笔调去描述它，我的香格里拉仍然是心中升起的明月，照亮着空旷的原野。小山坡的草原上总是能遇到饮水吃草的马儿，远处的雪山怎么也够不着，云朵就在头上飘着，瘦削的马儿颠颠地走着，马蹄声在道路上发出有节奏的音乐。踩在油光发亮的石板路上，仿佛这一程就是载着我去往天堂的。蓝月山谷不但有山谷和牧场，还有神秘的石卡雪山，晨起和日暮时分是亚青坡牧场最美的时候，秋冬季时漫山遍野的黄，偶尔也会有袅袅炊烟升起，倘若到了春天，那一定是漫山遍野的鲜花了。"何人更似苏夫子，不是花时肯独来"，当下我的心情怕跟苏轼当年的洒脱有点相似吧。

云南，香格里拉／蓝月山谷，晨起和日暮时分是亚青坡牧场最美的时候

冬至

山西，平遥 / 镇国寺外的高粱地里，放羊的老人赶着羊群回家

重庆，涞滩古镇 / 天气渐冷，腊肉挂在房檐下，滴着油

浮生一梦

元旦前后，南国的天气终于有了冬的样子，屋子里有着藏不住的寒意，难怪北方人总是扛不住南方的寒。这种透骨的下过雨的湿冷，简直让人无法入眠。不过"小寒料峭，一番春意换年芳"，终于快要熬到头了。温柔而不张扬的梅花此时盛放，将寒意缓解了几分。躲进屋子，看书煮茶，是对寒意的敬畏；趁着晚上未尽的风雪，踏雪寻梅，是对寒意的欣赏。此时的阳光也有几分暖了，不像之前那么暗淡，人们也开始为新的一年做准备，写春联贴窗花买年画，回家的车票都已经买好了，就数着日子等着归家。"腊尽残销春又归，逢新别故欲沾衣"，腊月一过，春天就不远了。

腊月去山西碛口还未到最冷的时候，河面上飘着的薄冰第二天就融化了。古老的镇子依着湫水与黄河交汇的地势而建，在这里拐了一个九十度的大弯，让人顿觉豁然开朗。古镇并不大，当年毛主席东渡黄河的登岸处就在这里。对于那些对黄土高原保有一种情怀，仍然念念不忘当年黄河渡口故事的人来说，不妨来这里找一家有历史韵味的客栈住下来，在晚上和清晨的时间里可以好好感受一下黄河岸边的安静和从容。

走进碛口客栈，就如穿越了一般，宽敞的四合院映入眼帘，四处悬挂着碛口的特色酸枣，非常喜庆。院子分上下两层，底下是窑洞式建筑，上面则是中式花格木门窗的客房，但装修依然是窑洞的模式。一排排新挂上的红灯笼点缀其间，在二楼的房间里，掀开窗帘，举目远眺便是黄河水，整个碛口码头尽收眼底。黄昏的时候走在黄河边，看着落日沉沉西下，金黄染遍河岸，河水交汇之处闪着金光，心中感慨，若此时不是一个人多好，却又万分幸运，这美景须得孤独自赏才好。晚上回到客栈久久未能入眠，高墙上挂着的红灯笼一直在我眼前晃动。打开窗户循声望去，涛声依旧，物是人非，那曾经的繁华早已沉没在历史中，而这依山面河的院落却让人思绪良久，这一砖一瓦都是古人曾经抚摸过的。站在夜色中，仿佛望着那点点星空便能追忆往日不朽的灵魂。

去重庆江津，在中山古镇的那个夜晚下了一场很大的雨，我们租来的红色车子行驶在夜色中，被丝丝缕缕的雨点缀得更加鲜艳。从重庆开来，竟然也走了那么久，天冷路滑，不敢开得太快。在夜色中拖着行李走在湿漉漉的青石板路面上，这是我旅行几年来常常乐此不疲的经历，看起来有点落魄，其中的愉悦怕是只有一个热爱

山西，吕梁/碛口古镇，走在黄河边，看着落日沉沉西下

小寒

153

浪迹天涯的人才能深刻体会。那晚找到了镇子里最好的客栈住下，剩下的时间竟然还趁古镇店铺未曾全部打烊之余，沿着老街从头到尾走了一遍，拾获了一些只有夜晚才能发现的生活的趣味。

古镇依山而建，靠着河岸，房屋是吊脚楼的设计，一条街道横贯古镇，让人绝对不会迷失方向。比起江南古镇，中山古镇越发显得古朴和原始，编竹子的工匠，做豆腐的作坊，老人聚集打牌的小茶楼，还有算命先生的摊档，人间烟火遍地是。第二天要赶着回到重庆，我和同伴都起得非常早，为的就是想捕捉一下古镇清晨的气息。寒冷的空气扑面而来，昨晚下过雨的街道还未干燥，大多数商铺没开门，卖菜的小贩背着竹篓子挨家挨户地做生意。在早餐店要了一碗不辣的面，店家说不加辣椒驱逐不了寒气，我们都笑而不语。豆腐坊的大姐早早就开门煎豆腐了，有人在她这里预定了，他们的生意从昨晚一直忙到现在。老街上炉火的烟雾很快弥漫开来，寂静的夜早已经结束，白天的暖又回升了。

重庆，江津 / 清晨，古镇从沉睡中醒来，豆腐坊开始了忙碌的一天

旧岁近暮，新岁即至。北国哈尔滨的道外，数九寒天里，城市的街道有点寥落，卖红薯的小贩跺着脚呵着手哈着气，等着冬天里的一单生意。有点清冷的青岛栈桥，海滩上是刚下海冬泳的勇敢的老

人，还有站在岸边依然想念夏天的孩子。新疆的
将军山，克兰河东岸的滑雪场早已经大雪覆盖，
年轻人穿上用马皮制作的传统滑雪板，沉浸在只
属于冬日的快乐气氛中。南方的冬天气氛有点拖
沓，在香港元朗菜市场，一年四季的吃食也没多
大变化，新鲜出炉的烧鹅很快就卖完了。广东大
埔大东镇又到了冬闲时节，梯田里的油菜花、蚕

福建，山重 | 经历
过台风洗劫的水云
间，猫咪们像什么
都没发生过

豆绿油油的，摘菜的大娘说过年的时候油菜花就开了，漫山遍野的，你
们要回来看。

　　冬日里去闽南山村晒太阳，是个很惬意的选择。水云间民宿大概就
是山重村的灵魂吧，至少我是这样认为的。自从夏天去过那里听过虫鸣
见过萤火之后，我一直想找另外一个季节去感受一下水云间的慢生活，
于是便在这阳光灿烂的周末里，又翻山越岭来到此地。吱嘎一声推开水
云间的木门之后，经历过台风洗劫的水云间以新的面貌展现在眼前。想
起当年我被古山重饭店的一盘姜炒鸡秒杀了饥肠辘辘的胃，从此念念不
忘，这一切都印证了像我这般感性的容易动心的人，万万不可在一个毫
无准备的傍晚，去一个陌生的地方。因为傍晚时分，往往是人的各种感
官都放松下来的时候，特别是味觉。听说春天的山重村子才是真正的世
外桃源，那时候满山遍地的桃花、李花、油菜花都开了，古厝是如仙境
般的田园画面，在主人戈子的描述中一点都不难想象当时的如诗意境。

　　水云间的猫比以前多了不少，主人刻意把附近的流浪猫都收养了起
来，午后懒洋洋晒太阳的猫成了这里独特的风景，它们常常出其不意就
躺在你的脚下，那憨厚可爱的样子温暖了整个冬天。山重村的生活就是
平常，繁华盛世，这里唱的偏是反调，然而对于厌倦了风尘仆仆在路上

小寒

155

新疆，阿勒泰 | 克兰大峡谷

的我来说，这一方清静之地刚刚好。它并无真正的隐居山林那般清苦孤寂，经常能看到乡村里尘世烦扰简单的一幕，却也有果树下清茶恬淡的归乡感，一点都不突兀。这未曾出家已还俗的状态，正是我在生活的矛盾中孜孜不倦追求的状态，可以推杯换盏大鱼大肉千杯不醉，亦能踏雪寻梅吟诗作画清茶侍奉，这种可进可退的意境，令生活可以免去多少烦忧。

遥远的新疆北部却仍然是冰雪覆盖，那里有一个地方叫阿勒泰，它西北与哈萨克斯坦及俄罗斯相连，东北与蒙古接壤。很多人知道喀纳斯很美，但却不知道，喀纳斯属于阿勒泰。曾经有一名叫李娟的漠北女孩，用自己清新的文字描述过阿勒泰的美，在她的笔下，阿勒泰犹如一个童话王国，充满神秘，拥有静谧的无穷的力量。此时的阿勒泰雪够厚，正是滑雪的最佳时候。额尔齐斯河支流克兰河流经克兰大峡谷，峡谷里的雪已经齐膝，树木上挂着雾凇，披上了银装，我被冻到脚趾麻木，却仍然无法抵挡这如童话般的世界。冬天的桦树林比秋天看起来有内容，光溜溜的枝丫挂着雪，随时都有掉下来的可能，桦树是浪漫的象征，我见过夏日白桦林的艳阳闪烁，也见过深秋白桦林的苍凉，而进入严冬的白桦林，有着一股透着冷峻的坚持，它说，爱需要坚持，需要等待。我曾经下定决心不能再喝酒，就好像我曾经下定决心不吃羊肉一样，但决心是会被浓情化掉的，为阿勒泰的大雪干一杯，是心甘情愿的。

我从冰冷的新疆回到温暖的丽江。每个去过丽江的人，都对丽江有一段割舍不掉的情结，纵使她已经不再是我们记忆中的样子，纵使她变得浮躁和虚荣。住在丽江多年的大桶小桶夫妇是我一个好朋友，有次去丽江的时候偶遇的，后来我和大桶也成了网友，经常互相点赞。前些年会看到他们在丽江周边奔波的身影，这会儿去了香格里拉，那会儿又去了大理，他们过着我向往的云南生活。大桶小桶在丽江城里卖茶叶，一定要请我们去喝一杯茶，在这闹中取静的地方，很多游客可能就擦肩而过，能遇见茶行只能靠运气。大桶说他们家的客人都是回头客，所以对商铺的地点并不在意，想找他的人终究会找得到，就像我。大桶冷静儒雅，身上有禅的气息，小桶则是安静腼腆，一直抱着小狗不说话。这几年他们的生活基本上都是在古城里，每天出门就是去买菜，以前还会想着要出趟远门走走，但现在觉得坐车去机场也挺烦。他们说话的速度实在太慢，就像丽江午后的阳光一样慵懒。喝完一壶熟普茶，又煮一壶荔枝奶茶，火候刚好，温暖如丽江冬日的阳光。

云南，丽江 / 兴文巷，大桶的茶叶铺，阳光铺满窗台

小寒

围炉夜话

一切都将谢幕，梅花香自苦寒来。临近年末，多了回味，归家的人早已经离开，朝夕相对的日子也过得乏了，不如来一场短暂的分别。酒满上，添双筷，三言两语，日出日暮，想想这一年也过得心满意足，嘴角挂着的一丝醉意也就凝结成了笑意。"大寒岁底庆团圆"，春节掀开了一年的序幕，喜庆和热烈掩盖了寒意的末梢，大街小巷处处闹腾，儿时盼望的节日到了年长时，总是觉得缺了一些气氛，所以每年此时总是想去远方赶一趟节。

岁末去北京，已经开始了春运，当年夏天坐在火车站前往雍和宫的公车上，感受到的最美的风景，距离现在已经接近十年了，北京已经不是那时的北京，也不是新帝子胡同的四合院里的北京。时过境迁，去北京的次数越来越少。跟朋友驱车一个多小时去了河北保定一个山村里，这里叫南裕村。北方的冬天，一条条枯枝影，日光淡淡，山影缥缈，有些苍白也有些萧条，但退去繁华喧嚣，简单却丰盈的季节，就如生命的底色。麻麻花的山坡是村里农舍改造的民宿，红灯笼悬挂在屋檐，石头砌成的围墙和虚掩的木门，像一抹明丽的色彩，在这个山坳里绽放。

冬天的山谷有点冷，院子里却是暖意融融，有好吃的手擀面，有甜甜的山楂汁，闲暇的时候还可以自己画几个木偶，再看几场三打白骨精的木偶戏。第二天清晨沿着山路行走，几个院落散落在村子各处。走到一处听见有猪的号叫，原来当地的村民已经开始杀年猪了。热气腾腾的，在寒冷的室外升起一股烟雾，一旁的猪则急得团团转，不知如何是好。算一下时间，春节将近，大寒也是冬季里最繁忙的节气了，家家户户都在为新春做准备，赶集备年货。小时候的新年多热闹啊，孩子们可以穿新衣服，买新的日用品，还可以跟着大人们去赶集凑热闹，关键是能领到压岁钱，揣在兜里，感觉自己像富豪一样，心满意足。

回到北京城，去北海公园溜达，空气通透极了，孩子们在湖上滑冰，大人们则哈着气来回走动，阳光轻轻地洒在枯萎的柳枝上。虽然放眼依然是凋敝的模样，但红墙上若隐若现的阳光和影子，给了人们无限的遐想，冬天就要离开了。这一年的雪终究还未下，最后一片落叶归于泥土。

云南的天云南的水，总是蓝得清透，岁末怎能不到云南再走走。在大理，

北京，北海公园 / 天气晴朗的日子里，公园里处处能寻到阳光和影子

大寒

159

红嘴鸥越过群山，来此过冬，小普陀海鸥纷飞，景象壮观。人世间有两种生活，一种叫朝九晚五，一种叫生活在大理。人们把朝九晚五的生活列为主流，潜意识里把能够中规中矩地上下班，结婚生子的人生列为正常的人生。于是，那一帮躲在大理"为非作歹"的人成了另类。时过境迁，我去了无数次大理，数不过来在人民路吃过多少顿饭，从大理去喜洲的路上，也无数次抬头远眺过三塔，想起第一次与大理的邂逅，心中惋惜。旅行是为了跟陌生的人狭路相逢，有趣的人碰见有趣的人，终会惺惺相惜的，那些毅然把家搬到大理的人，是怎样下决心要跟有趣的人"死磕

云南，大理 / 淡季的古城有点萧条，郊外的阳光却分外的好

到底"的？住在大理的人们都有一段故事，故事在不断上演，不断结束，似乎连摆地摊的青年都有一段让人唏嘘的往事。这个冬天大理下雪了，苍山上白茫茫一片，第二天阳光普照，大理又回到了那个昔日的大理，一切都在悄无声息地变换着，又归于平静。

浙江，杭州／中山公园

去杭州的北山路住了几天，在西湖边上懒散地游走，三杯两盏淡酒，怎敌他，晚来风急。西湖的残冬，却还有绿色的竹影摇曳，有残荷，有野鸭，有全年不知劳累的麻雀。雪像一个精灵，终于在晚冬时节，降临在江南大地。北方的雪跟南方的雪，就跟这两个地域的差别一样，一个下得大气壮阔，一个下得婉约柔美。不管是生在北方还是生在南方，冬天里都不能错过一场雪。瑞雪兆丰年，雪不但预示着丰收，还是冬天对时节的一场告白，少了雪，就少了冬天的美景和更多乐趣，少了年的气氛。

从白堤一路走来，已经开始雨夹雪，走到中山公园，已经是飘雪了，虽然看起来还像在下丝丝小雨，但落在大衣上的明显就是雪花的样子。风似乎也停住了，为了迎接飘雪的来临。公园里的蜡梅开得正是俏丽，

大寒

掩映在亭台楼阁之下，与丝丝小雪相互辉映，便成了古人口中吟唱的诗句。来到文渊阁，这是自然是避雪大好的去处，在回廊里坐下，看着雪花从空中散下，在牌匾上划过，仿如穿越历史，一下子回到了那些悲壮的年代中。此时若有知己一两位，手把酒杯斟酌两口，该是怎样的欢喜呢？

等雪下得没那么急促了，便开始赶路，趁在夜色起来前，回到客栈。经过西泠印社，里面翠竹掩映，乍以为又回到了春日当中。回去的路上去晓风书屋取了会儿暖，看着飘雪又渐渐变成了雨，心中顿时有点失落。第二天起来窗外白茫茫一片，让人兴奋了许久，江南雪伊始，却到了冬尽时。

一年下来，去了无数次别人的故乡，年关已近，又到了归家的时候。自从念书工作以来，离开家乡好多年了，有时候都几乎记不起家乡的样子，儿时的玩伴在脑海里日渐模糊，记忆中家乡的模样偶尔会在梦中出现。一栋旧房子，家门口的那一洼池塘菜地，逝去的亲人，父母年轻时的模样……梦中醒来竟然也会哽咽，想起那些年少轻狂的岁月，仿佛已经是上辈子的事情。

那个叫家乡的地方，早已经不是原来的样子。每次回老家时总会带着一些情绪，人生无常，似乎要告一段落，又似乎要重新开始。旅行对我来说已经不再是一个能修复情

粤东，某镇 / 老屋后面的菜地，春天已经迫不及待地留下了痕迹

绪的出口，回家才是。
我们早已经搬离原来
的小镇，在城市里安
家。但这座城于我而
言依然是陌生的，太
快的变化使我无法很
快辨认，甚至有很多
走过的路都已经面目
全非。春节的时候，
在家待的时间会久一
些，会跟着爸爸妈妈
回儿时住过的老屋看
看年迈的奶奶。老屋

广东，河源 | 去一个叫康禾的小镇拜年，笑声里有流失的光阴

的菜地早已经被征收，春天就快来了，菜花和野花在暂时没有人管的土
地上肆意绽放。

　　"过了大寒，又是一年"，每个地方春节的习俗总是不同，客家人
是热爱传统的，很多年轻人赚钱回来，不会把自己的祖屋拆掉重建，而
是在祖屋旁边再建一座新的房子。客人来拜年，无非就是嗑嗑瓜子，喝
点土气的家乡茶，有孩子的互换一下红包，聊一下一年来的成就和变化，
也会怀念一下离开的人。"不为山川多感慨，岁穷游子自消魂"，年华逝去，
过去已无法挽留，离开的人，逝去的岁月，只有留待日后慢慢回味。

　　二十四节气，就像人生的二十四个约定，不期而至，不想辜负每一个，
不想错过每一个。人生苦短，就在这样等待的岁月里，温柔而淡定地守
候着时节赠予的如画诗篇，留待年岁渐长时回首。

大
寒

内容简介

二十四节气是我国传统文化中的瑰宝，强调人与自然的息息相通。本书中，自由美学生活践行者、旅行作家七月娃娃以诗意的语言、人文叙述的方式记录光阴流转，解析二十四节气之美；通过镜头捕捉和呈现四季美景与风土人情，引领读者重温时令节气的传统风情，感受中国时光的意蕴与美妙。

图书在版编目（CIP）数据

中国时光之美：诗意二十四节气 / 七月娃娃著 . --

北京：气象出版社，2018.11

ISBN 978-7-5029-6252-4

Ⅰ . ①中… Ⅱ . ①七… Ⅲ . ①二十四节气－通俗读物

Ⅳ . ① P462-49

中国版本图书馆 CIP 数据核字（2018）第 219612 号

Zhongguo Shiguang Zhimei——Shiyi Ershisi Jieqi
中国时光之美——诗意二十四节气
七月娃娃 著

出版发行：气象出版社			
地　　址：北京市海淀区中关村南大街 46 号		**邮政编码**：100081	
电　　话：010-68407112（总编室）　010-68408042（发行部）			
网　　址：http://www.qxcbs.com		**电子邮箱**：qxcbs@cma.gov.cn	
责任编辑：郭佳佳　吴晓鹏		**终　　审**：张　斌	
责任校对：王丽梅		**责任技编**：赵相宁	
封面设计：王大可		**版式设计**：小　溪	
印　　刷：北京地大彩印有限公司			
开　　本：700mm×1000mm　1/16			
字　　数：160 千字		**印　　张**：11	
版　　次：2018 年 11 月第 1 版			
定　　价：48.00 元		**印　　次**：2018 年 11 月第 1 次印刷	

本书如存在文字不清、漏印以及缺页、倒页、脱页等，请与本社发行部联系调换。